Daniel M. Zoll

Do it!

Mit Social Media einfach durchstarten

#einfachmachen

BRAINBOOK

BRAINBOOK

Impressum

BrainBook UG (haftungsbeschränkt)
Am Sportfeld 8
65399 Kiedrich

ISBN:
Taschenbuch: 978-3-96890-156-5
E-Book: 978-3-96890-157-2

Lektorat: Ann-Kristin Brümmer, Larissa Möckel, Jennifer Kiewell, Vanessa Hoffmann

Die Zufriedenheit unserer Leserinnen und Leser hat für uns oberste Priorität.

Sollten Sie Fragen oder Anmerkungen haben, können Sie uns jederzeit unter kontakt@brainbook-verlag.de erreichen. Wir freuen uns auf Ihre Rückmeldung.

brainbook_verlag
www.brainbook-verlag.de
kontakt@brainbook-verlag.de

Inhaltsverzeichnis

Teil II

Einfach machen – die Umsetzungsebene

Dieses Buch enthält Bonusmaterial. Du erreichst die Downloadseite über entsprechende QR-Codes.

Bewirb dich doch als Testleser*in bei BrainBook

Testleser*innen erwarten exklusive Vorteile:

- Du erhältst kostenlose Leseexemplare.
- Du erhältst kostenlosen Zugriff auf das Hörbuch des Werkes.
- Du kannst zum Entstehungsprozess unserer Bücher beitragen und dabei unverfälschte Einblicke in die Entwicklung eines Buches gewinnen.
- Du hast die einmalige Möglichkeit, mit unseren Autor*innen in Kontakt zu treten.
- Wenn dein Feedback besonders hilfreich ist, wirst du erwähnt.
- Dein Exemplar des Buches wird dir kostenfrei und schon Wochen vor der offiziellen Veröffentlichung zugesandt, sodass du dich weder um die Bestellung noch um verzögerte Lieferzeiten zu sorgen brauchst.

Wenn wir dein Interesse wecken konnten, bewirb dich noch heute kostenlos als Testleser*in und werde Teil des kreativen Teams.

Besuche
http://brainbook-verlag.de/testleser
oder scanne bequem den QR-Code.

Vorwort

▶ Schön, dass du hier bist!

Yausen,

wenn Social Media dein Job ist oder du es für dein Unternehmen nutzt, dann ist das häufig sehr mühselig. Oftmals hast du dir diese Aufgabe nicht ausgesucht und es heißt im Betrieb: „Wir müssen jetzt Social Media machen, Instagram bespielen, einen TikTok-Account starten und auf LinkedIn aktiv werden." Und wenn du als letztes „Nein" sagst, dann bist du plötzlich für die Umsetzung verantwortlich. Dafür bekommst du dann nicht einmal extra Zeit, keine extra Bezahlung und andere Aufgaben werden auch nicht gestrichen. Herzlichen Glückwunsch, du hast jetzt noch einen Job im Job. Du sollst einfach machen und dann sehen wir weiter. Das kann so schwer nicht sein und außerdem ist es ja kostenlos. Perfekt! Dann stehst du da und merkst, es gibt unzählige Plattformen, die irgendwie ständig im Wandel sind und du weißt gar nicht, wie du da hinterherkommen sollst.

Dazu kommt noch, dass gefühlt jede Person im Unternehmen ihren Senf bei Social Media hinzugeben möchte, weil sie irgendwann mal etwas von Hashtags gehört hat. „Social Media" ist der Unternehmensbereich, in dem die meisten Fachfremden denken, sie können dir als Verantwortliche und Expertin irgendetwas erzählen, dir Ratschläge geben, weil sie dieses oder jenes bei ihren Kindern gesehen oder in einem schlauen 5-Hacks-Artikel gelesen haben. Versteh mich bitte richtig, ich bin ein Freund davon, Erfahrungen und Wissen auszutauschen. Das tue ich ja zum Beispiel mit diesem Buch hier, aber ich springe doch auch nicht während einer Vorlesung auf, gehe zur

Professorin und erkläre ihr, wie sie ihre Inhalte besser gestalten kann. Das ist nicht meine Aufgabe.

Social Media bedeutet oft: „Es kommt drauf an." Es bedeutet viel Testen, Lernen, Analysieren und Optimieren und das kann ich dir auch mit diesem Buch nicht abnehmen. Was ich dir aber abnehmen kann, ist etwas „Druck". Besonders den Druck der Geschwindigkeit, in der sich die Dinge vermeintlich verändern. Klar kommen immer wieder neue Plattformen, neue Funktionen, neue Formate hinzu, aber die grundsätzlichen Dinge verändern sich kaum.

Genau diese wichtigen Basics möchte ich dir mit diesem Buch nahebringen. Hier bekommst du keine „100k-Reichweite-Booster-Hacks-Bibel", sondern Inhalte, die nicht mit dem nächsten App-Update ihre Richtigkeit und Relevanz verlieren. Ich möchte dir zeigen, wie ich es schaffe, immer auf dem neuesten Stand zu bleiben, wie ich mich informiere und inspiriere, worauf es bei Social Media ankommt und wie du sinnvolle Entscheidungen treffen kannst. Wenn du dieses Buch aufmerksam liest und dir das Geschriebene zu Herzen nimmst, dann bist du bereit, alles, was im Social Media Bereich passiert, zu begreifen, zu meistern und einfach smarte Moves zu machen.

Wenn du mich kennst, weißt du, dass ich eher so der „Video-Typ" bin und ich musste mich hart disziplinieren, um dieses Buch zu schreiben. Umso mehr hoffe ich, dass es dir weiterhilft. Wenn du Fragen hast, dann melde dich bei mir über Instagram, TikTok, LinkedIn oder wo auch immer du mich findest. Ich versuche zu helfen. Immer. Gerne.

#FragdenDan

Der Buchaufbau

Teil I dieses Buches befasst sich mit unternehmerischen Entscheidungen. Das ist wichtig für dich, wenn du in deinem Unternehmen ein Social-Media-Team aufbaust oder aber für deine Ich-AG endlich TikTok bespielen willst. Das ist aber auch dann von Interesse, wenn du die Welt von Social Media deiner Geschäftsführung präsentieren möchtest.

Teil II geht dann umgehend auf die Umsetzung ein – mit Checklisten und Co. Hier bekommst du ein Workbook an die Hand, zu dem du immer wieder zurückkommen und Tipps nachschlagen kannst. Wenn du die Entscheidungen im Unternehmen triffst, kannst du hier nachvollziehen, welchen Aufwand ein zielführender Social-Media-Auftritt verursacht und welche Prozesse eine wichtige Rolle spielen.

Aber Dan, ist ein Buch über Social Media nicht in dem Moment veraltet, in dem es in Druck geht?

Das ist ein guter Punkt. Aus diesem Grund arbeite ich viel mit Hintergründen, mit Beispielen und Analogien. Ich biete dir nämlich an, das gesamte Spiel beherrschen zu lernen. Egal, welche Plattformen noch kommen mögen und wie sich die Algorithmen wandeln, du bleibst souverän.

Und bevor es gleich aufregend wird, noch eine wichtige „*last but not least*"-Sache:

Das generische Femininum

Ich habe mich bei diesem Buch für die Verwendung des sogenannten generischen Femininums entschieden.

Der Grund dafür ist einfach: deine Leseerfahrung (und etwas Experimentiergeist).

Normalerweise würde ich immer von Managerinnen und Managern, Bloggerinnen und Bloggern, Zuschauerinnen und Zuschauern sprechen. Das bemängeln aber viele Leserinnen und Leser. Ich kann verstehen, warum. Die Texte werden dadurch ohne inhaltlichen Mehrwert deutlich länger.

Der andere Grund ist mein Drang nach Experiment. Typischerweise wird das generische Maskulinum genuzt. Doch wie liest sich ein Sachbuch, das nur die femininen Wortformen nutzt? Eine Meinung kann ich mir erst bilden, wenn ich so ein Buch vor mir habe.

Bevor sich nun einige Scherzkekse zu Wort melden und nach einer *Sachbuchin* oder *Wortformin* verlangen: Das generische Femininum greift natürlich nur dort, wo eine grammatische feminine Form existiert. Die *Community-Mitglieder*, die *Profis* und übrigens auch die *Scherzkekse* sind davon nicht betroffen.

So, jetzt kann's aber schon losgehen!

Teil I

Einfach machen – die Management-Ebene

Kapitel 1

▶ Das „Einfach machen"-Dilemma: Aller Anfang muss nicht schwer sein

„Einfach machen" oder „Mach einfach" – Hast du einen dieser Sätze schon einmal zu deinem Team gesagt? Oder schon einmal zu hören bekommen?

Die Medienlandschaft heute ist eine ganz andere als noch vor 10 oder 20 Jahren. Wenn du der Welt heute etwas mitteilen willst, bist du von der Kontrolle durch die Medien und andere sogenannte *Gatekeeper* befreit. Celebrities können am Tratschblatt vorbei ihre Geschichte etablieren, Marken können ganz direkt mit ihren Fans kommunizieren und Privatpersonen ohne Reality-Shows zu Stars aufsteigen.

Dadurch sind wir jedoch alle ein bisschen Medienhaus, ein bisschen Kreativagentur, ein bisschen Community-Mitglied und immer noch auch Medienkonsumentin. Das sind ganz schön viele Rollen!

Im unternehmerischen Bereich ist es nicht anders. Auch jedes Unternehmen – und jede Solo-Entrepreneurin – muss den Erfolg auf Social Media mit vielen Hütchen auf bespielen. Wer jetzt mit der (an sich ganz coolen und notwendigen) Einfach-machen-Mentalität um die Ecke kommt, läuft Gefahr, sich oder das Team ganz schnell in den Burnout zu manövrieren.

Dabei sage ich nicht, dass alles wahnsinnig kompliziert sein muss. Überhaupt nicht. Aber du brauchst schon mindestens zwei Dinge: Einen Plan, aka eine **Strategie**, und dazu ein gewisses **Ökosystem**, das für die Beschaffung, die Freigabe und die Veröffentlichung von Content sowie für die Pflege der Online-Community zuständig ist.

„Einfach machen" bedeutet nicht:

- ✗ irgendwelche Bilder und Texte posten
- ✗ irgendwelche angeblich magischen Hashtags recherchieren
- ✗ die neuesten „5 Tipps" zum Austricksen des Algorithmus abhaken
- ✗ „Die Marketingabteilung macht das schon nebenbei, wie viel Mehraufwand kann es schon sein?"
- ✗ „Unsere Trainees können das ja übernehmen, was soll schon schiefgehen?"
- ✗ **einfach lassen!**

„Einfach machen" bedeutet:

- ➡ **klare, realistische Ziele formulieren**
- ➡ **klare, verbindliche Zuständigkeiten und Ressourcen festlegen**
- ➡ **neugierig bleiben, ständig lernen – und dafür testen, testen, testen!**

Kapitel 2

▶ Trend vs. Hype: Einfach zur souveränen Entscheidung

Clubhouse, Vero, YouNow, Steller, MySpace, StudiVZ ... Sagen dir diese Namen noch etwas?

Du ahnst, worauf ich hinauswill: Die heiß angesagten Plattformen kommen und gehen. Noch schneller kommen und gehen trendy Contents und stark performende Distributionsformate.

In der Welt von Social Media ist es mega wichtig, die Welle von Trend und Hype gesund einschätzen zu können. FOMO[1] ist nämlich auf keinen Fall eine Entscheidungsgrundlage.

Es ist zwar ganz nett, ein *First Mover* zu sein, aber die Frage ist: Was bringt es dir? Dazu folgt in Teil II, Kapitel 2 (*Trends und Challenges richtig nutzen*, ab S. 171) noch mehr. Bleiben wir erst mal beim Thema „Trend mitmachen oder in die Tonne damit?".

Trends wie Hypes können gesellschaftlich sein, sich auf Märkte und Branchen oder auf das Konsumverhalten beziehen.

Die Skala von Trend bis Hype kannst du dir in etwa so vorstellen:

---

[1] Fear of missing out, zu Deutsch: die Angst, (etwas) zu verpassen. Ein gesellschaftliches Phänomen, das in etwa mit Peer Pressure (Gruppenzwang) verwandt ist – Betroffene wollen unbedingt dazugehören und mitmachen.

1. Megatrend/Macrotrend

Hier kann man schon von Wandel sprechen. Ein Megatrend bzw. ein Macrotrend ist komplex und kann innerhalb einer Zeitspanne ab fünf Jahren bis hin zu mehreren Dekaden wirken. Im Bereich Social Media sind Megatrends insofern relevant, als dass Social Media natürlich die Gesellschaft beeinflusst und widerspiegelt.

Beispiele: Nachhaltigkeit, Globalisierung, Mobilität, New Work

> **!** Im Bereich Social Media ist **Video** der wichtigste Megatrend/Macrotrend.

2. Microtrend

Der Microtrend ist ein Trend, eine Mode, eine Tendenz oder eine Konsumgewohnheit, die von mehreren Monaten bis zu mehreren Jahren (aber meist im niedrigen einstelligen Bereich) Bestand hat. Häufig sind mehrere Microtrends einem Megatrend zuzuschreiben.

Beispiele: Modetrends wie Low-Waist-Jeans, Nachhaltigkeitsinitiativen wie Zero Waste, Remote Work ab 2020

> **!** Im Bereich Social Media sind Microtrends **oft algorithmusbedingt,** wie etwa das IGTV-Format von Instagram oder bestimmte, angesagte und vom Algorithmus favorisierte Videolängen bei YouTube.

3. Hype (auch: Fad, Craze)

Diese sind die kurzlebigsten Trends. Meist werden sie mit viel Begeisterung aufgegriffen, verlieren aber rasant wieder an Sogwirkung. Übrigens: Manche Trendforscherinnen unterscheiden auch innerhalb dieser Gruppe, aber für uns reicht die Einteilung an dieser Stelle vollkommen aus.

Beispiele: Fidget Spinner (Produkt), Gangnam Style (Tanz), Jelly Nails (Beautytrend), Ice Bucket Challenge (Social Media)

> **Challenges** sind ein typischer Fall von Hype im Bereich Social Media. Aber auch der Hype um Plattformen kann schnelllebig sein.

Hypes sind zudem keine Erfindung unserer Zeit. Die Lavalampe aus den 1970ern oder der Twist aus den 1960ern waren auch solche Erscheinungen.

Plattform: To hype or not to hype?

Ja nice, magst du jetzt denken. *Und wie hilft mir das bei meinem Social-Media-Vorhaben?*

Na sehr! Denn du willst bei der Wahl der Plattform(en) und deines Contents weder wichtige Trends verpassen noch dich mit unwichtigen Fads – also sehr kurzlebigen Modeerscheinungen – unnötig aufhalten, oder?

Manchmal fällt es wirklich schwer, sich für eine Plattform zu entscheiden. Was ist, wenn deine Zielgruppe sich am Ende woanders trifft? Ich verstehe das. Auch beim Content und der Distribution stellen sich Fragen wie: „Was, wenn die trendy Videos nach hinten losgehen?“

Dafür habe ich dir hier eine kleine Entscheidungshilfe gebastelt.

Wenn du dich fragst, ob Plattform X oder Y etwas für dein Unternehmen und deine Marke sein könnte, überprüfe das Für und Wider anhand dieser kurzen Checkliste. Wie viele Male konntest du auf welcher Seite ein JA setzen?

SPRICHT FÜR DIE PLATTFORM

- ✓ Ist es dir aus strategischen Gründen wichtig, als First Mover dabei zu sein?
- ✓ Besteht eine Chance auf Wachstum?
- ✓ Hättest du am Anfang nur wenig oder gar keine Konkurrenz?
- ✓ Worst Case: Kannst du einen Fail der Plattform oder deines Accounts auf dieser Plattform ohne Nachteile verkraften?
- ✓ Worst Case zum Zweiten: Kannst du auch das schlimmste Outcome auf dieser Plattform verkraften?
- ✓ Könntest du die neue Plattform aufgrund ihrer Neuheit zum Lernen und Testen „zweckentfremden"?
- ✓ Hast du unternehmerische Ressourcen, um diese Plattform „all in" zu nutzen? (Und bei „all in" vergessen wir nicht das tolle Pareto-Prinzip: 80 % Ergebnisse aus 20 % Aufwand.)
- ✓ Stehen die Chancen gut, dass du damit gute Publicity bekommst?

SPRICHT GEGEN DIE PLATTFORM

- ✗ Ist allein schon der Initialaufwand, ein Profil einzurichten, sehr hoch?
- ✗ Kannst du es dir leisten, abzuwarten und dafür die eventuelle First-Mover-Position aufzugeben?
- ✗ Lohnt sich vielleicht das Einsparen an Zeit und Geld sogar?
- ✗ Gibt es, logisch betrachtet, keine Gründe, dabei zu sein?
- ✗ Die Ressourcen für diese Plattform sind nicht oder kaum aufzubringen?
- ✗ Die Angaben im App Store o. Ä. zeigen, dass die App von einem unseriösen Anbieter stammt, der weder aktuelle Datenschutz- noch Sicherheitsrichtlinien befolgt?
- ✗ Gibt es vielleicht erste *ernst zu nehmende* kritische Stimmen?
- ✗ Gibt es nichts zu lernen/experimentieren (die Plattform ist eine *Copycat*)?

Trendthemen: Soll ich's machen oder lass ich's lieber sein?

Jetzt schauen wir uns einmal an, wie du mit Trends und Hypes im Content-Bereich umspringen kannst. Wenn ein Trendthema auf dich zurollt, kannst du dich immer dafür oder dagegen entscheiden, das ist klar.

Die Vorteile von Trend- und sogar Hypethemen liegen auf der Hand:

1. Aktuelle Themen fallen auf.
2. Sie schaffen oft ein hohes Level an Engagement.
3. Sie können die eigene Meinung/Haltung/Philosophie dramatisch in den Vordergrund rücken.

Die etwaigen Nachteile von Trendthemen sind allerdings auch nicht zu verachten:

1. Wenn das Thema nicht zu deinem Unternehmen passt, verpufft die Wirkung (bestenfalls!).
2. Wenn du zu spät einsteigst, geht dein Inhalt in der Masse unter. Du musst also schnell reagieren und die Inhalte rasch produzieren können, sonst lohnt sich der Trendinhalt nicht mehr.
3. Der Bedarf an Ressourcen und der Aufwand erhöhen sich: Mehr Aufmerksamkeit für deine Inhalte bedeutet mehr Views, mehr Kommentare oder ggf. Diskussionen und braucht ein effektives Community-Management. Ein wachsendes Following möchte zudem bei Laune gehalten werden – im Idealfall langfristig.

Klar, gewisse Trendinhalte können ein bestehendes Content-Gerüst manchmal sehr gelungen abrunden. Nur wenn (noch) keine klare Linie für den Content vorhanden ist: Finger weg von zufälligen Trends.

Der einfachere Weg: die „easy“ Mitmachtrends

Sie haben vielleicht nicht die gleiche Faszinationskraft wie plötzliche Hype-Inhalte, aber sie funktionieren zuverlässig und immer wieder: saisonale Trends. Sie sind der wohl einfachste Einstieg ins Surfen auf der Trendwelle. Denn Ereignisse wie Schulbeginn, Ferienstart, Cyber Monday oder Weihnachten kommen jedes Jahr. Je nach Branche hast du wiederkehrende Themen, die „trenden“. Darauf kannst du dich vorbereiten, Inhalte wiederverwenden und lernen – und das bei minimalem Risiko, dass es schiefgeht!

Format- oder Distributionstrends: die perfekte Welle

Zu guter Letzt gibt es natürlich noch Trends und Hypes rund um bestimmte Formate wie TikTok Live, Reels und so weiter. Solche Phänomene wird es auch geben, wenn neue Plattformen rauskommen und ihre eigenen Trendwellen schlagen.

Um souverän entscheiden zu können, sind im Prinzip nur diese zwei Fragen zu beantworten:

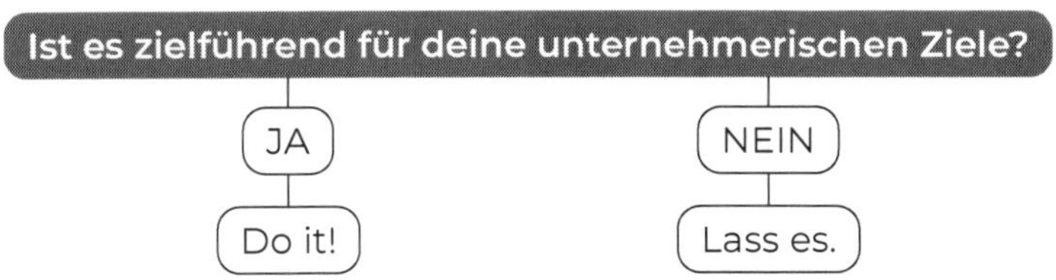

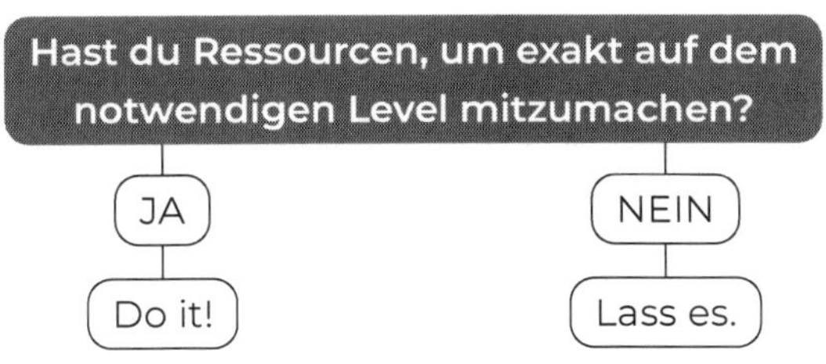

Wenn alles passt, dann go, go, go und *fingers crossed*, dass sowohl die Userinnen als auch die Plattformen deine Agilität belohnen.

Entscheidung steht, was nun?

Sobald die Entscheidung gegenüber Trends und Hypes fürs Unternehmen steht, kannst du auch dein Social-Media-Team entsprechend briefen. Auch wenn ihr nicht bei jedem Trend mitmachen werdet: Im Kleinen antesten und ein wenig recherchieren und nachverfolgen kann sich lohnen. Denn auch eure Content-Strategie wird sich irgendwann wandeln – dann könnte das auf lange Sicht gesammelte Wissen Gold wert sein.

Kapitel 3

▶ Der Ressourcencheck: Budgetierung und Aufwandseinschätzung meistern

Früher, in grauer Vorzeit, war das Internet ein Ort mit unbegrenzten Erfahrungen. Als die Suchmaschinen, Bloganbieter und am Anfang auch die ersten Apps laufen lernten, war vieles kostenlos.

Heute lautet die Devise: **Pay to play**. Ohne Investition, ohne Ressourcen, ist heute kein Erfolg auf Social Media mehr möglich. Mit Erfolg sei hier gemeint, eine loyale Community aufzubauen oder deine unternehmerischen Ziele zu erreichen.

Mit Investition und Ressourcen meine ich noch nicht einmal nur die Ad-Formate. Klar, seine Inhalte mit einem Medienbudget zu unterstützen, kann dabei helfen, schneller zu wachsen. Aber auch die Investition in gute Ausrüstung (Licht, schnelles Internet), in die Zeit der Mitarbeiterinnen oder in Kooperationen scheinen einige Menschen gerne zu vergessen.

Nur ist es eben so: Wer bescheiden investiert, bekommt bescheidene Ergebnisse. Oder, um einen aus dem Coding-Bereich stammenden Spruch zu bringen: Shit in, shit out.

Aber Dan, ich habe momentan einfach kein Budget!

Kein Problem, auch dafür gibt es einen bewährten Trick: das Erwartungsmanagement.

Ich führe mal ein Beispiel an.

Was machst du, wenn du siehst, dass ein Unternehmen in deinem Bereich mit tollen Hochglanz-Videos aus L. A. (Palmen, Sonne, Strand) am laufenden Band Likes und Follows abräumt und von einer Influencerinnen-Kooperation zur nächsten zu flattern scheint? Was machst du, wenn dein Unternehmenssitz in einer Kölner Industriezone liegt und dein Social-Media-Team nicht mal eben in die USA fliegen wird, um Content zu drehen? – Richtig! Du passt deine Erwartungen an deine Realität an.

Natürlich kannst du immer nach Höherem streben, das ist cool. Aber wenn im Hier und Jetzt die Möglichkeiten begrenzt sind, dann akzeptiere das und mach eben das Beste daraus!

Ok, Dan, und was kostet mich nun mein Social Media?

Gegenfrage: Was kostet ein Auto?

Ein gebrauchter VW – unter 1.000 Euro.

Ein sportlicher Stadtflitzer – 60.000 Euro.

Ein Bentley – ab 215.000 Euro aufwärts.

Und sie alle bringen dich von A nach B, haben vier Räder und ein Lenkrad.

!

Ich rate dir eines für deine Budget-Entscheidungen:
Verhalte dich dabei in etwa wie bei einem spekulativen Investitionsgeschäft. **Investiere nur so viel, wie du im Fall eines kompletten Verlustes verkraften kannst.**

Kapitel 4

▶ Social Media: Einfach selber machen oder einfach outsourcen?

Falls du ein Budget für Social Media bekommst (oder es in deiner Verantwortung steht, eins zu beantragen oder freizugeben), liegt die Überlegung nahe, es auch direkt in eine Agentur zu stecken. Nun stellt sich die Frage: Outsourcen, ja oder nein?

Denn alles, wirklich alles, was du für deinen erfolgreichen Auftritt auf Social Media brauchst, von der Recherche über die Content-Produktion bis hin zum Community-Management, kannst du Profis für dein Unternehmen machen lassen.

Ich würde hier gern mit einem kleinen Beispiel antworten, bevor ich auf meine Tipps aus der Praxis eingehe. Stell dir vor, du willst für deine liebsten Mitmenschen ein Dinner ausrichten, von dem sie noch Jahre danach schwärmen sollen. Du hast im Prinzip zwei Möglichkeiten:

Möglichkeit 1:

Du stellst ein Menü zusammen, bei dem du auch auf die Geschmäcker deiner Gäste eingehst, bestellst rechtzeitig die notwendigen Zutaten und Tools, beginnst schon eine Woche vor dem eigentlichen Termin mit den Koch- und Backvorbereitungen sowie Dekorationen. Vielleicht kochst du noch kurz Probe, um bei einem komplizierten Gericht ganz sicher zu sein. Dann fertigst du individuelle Platzschilder an, die jeden Gast als persönlichen Running Gag sofort ansprechen.

Der Abend wird ein voller Erfolg, obwohl du dir alle Skills wie Kochen, Tisch decken oder Dekorieren selbst beigebracht hast. Manches hast du bereits gut selbst machen können, manches musste dir Oma YouTube beibringen.

Möglichkeit 2:

Du wendest dich an dein Lieblingsrestaurant oder einen renommierten Catering-Service, legst diesem deine Wünsche und die Wünsche deiner geladenen Gäste vor und lässt das Gastroteam die ganze Arbeit verrichten. Dazu liefert die beste Floristik der Stadt bezaubernde Blumen und Kerzen als Deko. Auch dieser Abend wird ganz außergewöhnlich, denn du hast Profis beauftragt und bezahlt.

Bei Social Media läuft es gar nicht unähnlich!

Geld kostet es dich am Ende immer, du kaufst nur unterschiedliche Dinge ein. Du bezahlst damit entweder *deine* Zeit und Ressourcen (die Arbeitszeit deines Social-Media-Teams, deine Einarbeitung ins Thema) oder die Zeit, Skills und Ressourcen *anderer* – die der auf Social Media spezialisierten Unternehmen, Content-Creatorinnen, Agenturen und so weiter.

Zeit- und Skillfaktor sind dabei entscheidend für dein Vorgehen. Was dich und dein Team vielleicht mehr Zeit kostet, wo eventuell noch Skills aufgewertet oder entwickelt werden müssen, da haben Profis ihre Prozesse, Tricks und Kniffe, mit denen einiges an Zeit eingespart werden kann. Du kannst mit Dienstleistungsunternehmen im Social-Media- und Content-Bereich außerdem auch projektbasiert arbeiten, ohne dich auf Jahre festzulegen.

Natürlich hat es auch Nachteile, wenn eine Agentur dein Social Media übernimmt: Dritte kennen dein Unternehmen, dein Produkt und deine Kundinnen bei Weitem nicht so gut wie du. Sie sind vielleicht leidenschaftliche Content-Profis, haben aber nicht unbedingt dein Level an Begeisterung für dein Metier. Um dem entgegenzuwirken, müssen deine Briefings sehr detailliert und genau sein.

Deine Vorstellungen und deine Ziele müssen dort erklärt werden. Allerdings: Bitte unbedingt jede Form von Micromanagement vermeiden!

Zum Schluss des Kapitels folgt noch eine wichtige Durchsage, die dich beim Einholen von Angeboten begleiten soll:

> **!** Der gut gealterte Witz, dass man etwas nie zeitgleich billig, schnell und gut bekommen kann, sondern nur zwei von den Dreien, gilt unbedingt auch für Social-Media-Services.

Kapitel 5

▶ Erwartungen vs. Ziele: Chancen und Risiken als Wegweiser im Dschungel von Social Media

Was ich in meinen Workshops häufig höre, sind die Erwartungen der Menschen an Social Media. Interessanterweise schlagen diese manchmal ins Extreme aus und die Chancen genauso wie die Risiken erscheinen den Fragenden irgendwie überdurchschnittlich hoch.

Das mediale Bild von Social Media trägt sicher dazu bei. TV, Zeitungen, ja, auch Blogs und Videos zeichnen gern ein übertriebenes Bild von Erfolg – aber auch von sämtlichen Schattenseiten. Deshalb will ich hier deinen Blick auf die realistischeren Chancen und Risiken richten.

Zu den absolut möglichen und erreichbaren Benefits von Social Media gehören:

- ✓ Motivation fürs Team
- ✓ Förderung der Kreativität
- ✓ Mitarbeiterinnen-Bindung
- ✓ Finden neuer Absatzmärkte
- ✓ Finden neuer Produktideen
- ✓ Erschließen neuer Zielgruppen

- ✓ Bereicherung der Customer Journey
- ✓ Freimachen von Gatekeepern
- ✓ Kostenersparnisse z. B. bei Werbung, Kommunikation, HR
- ✓ Impulse zur unternehmerischen Entwicklung

Dem gegenüber stehen die typischen Risiken und Bedenken:

- ✗ Burnout und Überforderung durch falsches Management
- ✗ Abwanderung von Mitarbeiterinnen („Dafür bin ich nicht angestellt worden.")
- ✗ eventuelle Fails
- ✗ Gegenwind (bis Shitstorm)
- ✗ verbrannte Ressourcen

Mein Tipp an dich, falls du noch keine Entscheidung für oder wider eine Plattform treffen kannst oder willst: **Sichere dir doch trotzdem schon einmal die Profile bei den Plattformen, die dich interessieren, oder vielleicht sogar bei allen, die interessant werden könnten.** Du musst dort auch nichts posten! Registriere lediglich die Accounts, damit dein Firmenname durch dich und nicht durch zufällige Dritte belegt ist. Nutze sowohl deine neuen als auch die unbespielten Accounts dazu, um auf die souverän und erfolgreich bespielten Plattformen hinzuweisen.

Der zweite Tipp ist: **Erwartungen runterschrauben**. Niemand kann, ohne Erfahrungen zu sammeln, irgendwelche Vorhersagen machen. Erwartungen (wie auch Befürchtungen) haben nichts in einer Social-Media-Strategie verloren. Dort stellst du Ziele auf. Und die Ziele sind immer planbar, messbar, realistisch sowie an eine Zeitachse gebunden.

Deine Social-Media-Ziele sind außerdem an die Erfahrungen und die Skills deines Teams, ans vorhandene Budget, an die verfügbaren Ressourcen und nicht zuletzt an dein Geschäftsmodell gebunden.

Bei den vielen Dingen, die es auf Social Media scheinbar zu beachten gilt, gerät gerade der letzte Umstand manchmal aus dem Fokus. Dabei ist das eigentlich der einzige Grund für Unternehmen, Social Media zu nutzen: zur Unterstützung der unternehmerischen Tätigkeit – sei es als Kommunikationsmittel, Werbekanal, zur Imagepflege und so weiter. Wenn dein Geschäftsmodell nicht nach Reichweite verlangt, brauchst du beispielsweise kein großes Following, dafür vielleicht eine engagierte Community. Lass daher deine Unternehmensziele Pate stehen für die Social-Media-Ziele, nicht die Erwartungen (oder die Ängste).

Eines sei jetzt schon verraten: Deine Erwartungen werden sich mit der Zeit durchs Mitmachen und Beobachten wandeln. Sie sollten jedoch niemals zu romantisch sein, nicht zu unrealistisch. Wunschvorstellungen sind ziemlich gut als Grundlage für eure Vision – sie sind aber eine verdammt schlechte Grundlage für Entscheidungen. Da führen sie schnell zu den oben gelisteten Risiken. Verbau dir bitte keine unternehmerischen und personellen Chancen durch Fehlentscheidungen. Gute Ziele und die dazu passende Strategie werden dich und dein Team auch durch schwierige Situationen leiten können.

Um das Beste aus deinem Social-Media-Vorhaben zu machen, solltest du dir über die folgenden Punkte klar werden:

Hast du bzw. hat dein Team alle notwendigen Skills, um das Social-Media-Projekt nachhaltig zu bespielen?

- NEIN
  - zurück ans Reißbrett
- JA
  - „Wie schwer kann es schon sein?“
    - zurück ans Reißbrett
  - „Ich denke ja, und sollten sie fehlen, holen wir uns Hilfe.“
    - Go, go, go!

Gibt es klare, fürs Team relevante Incentives, um diese Mehrarbeit motiviert leisten zu wollen?

- NEIN
  - zurück ans Reißbrett
- JA
  - „Sie dürfen beruflich bei Instagram sein!“
    - zurück ans Reißbrett
  - „Ja, das wurde mit dem Team im Vorfeld besprochen.“
    - Go, go, go!

Stehen genügend Ressourcen zur Verfügung: Zeit, Ausstattung, Räumlichkeiten, Ansprechpartnerinnen für Marketing etc.?

- NEIN
  - zurück ans Reißbrett
- JA
  - „Jede hat doch heute ein iPhone …“
    - zurück ans Reißbrett
  - „Ja, und wir überprüfen das regelmäßig.“
    - Go, go, go!

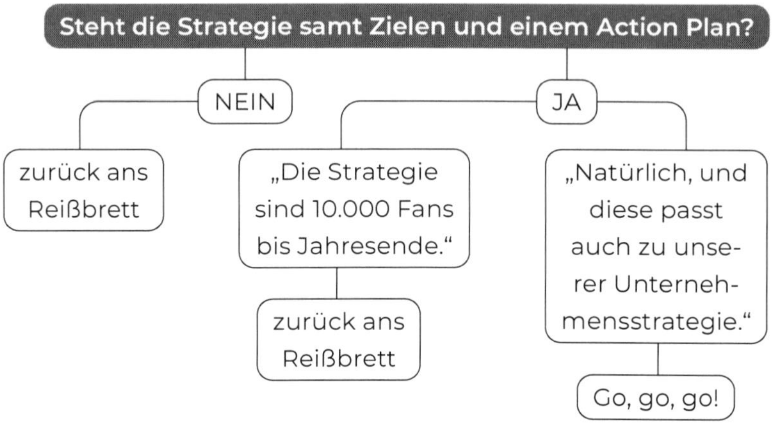

Los geht's!

Um aufs Kapitelthema zurückzukommen: Unsere Erwartungen können uns motivieren – oder aber massiv einschüchtern. Als Managerin und als Verantwortliche musst du dein Team daher genau kennen. Das „Social" in Social Media hört ja nicht an der Schwelle zum Firmensitz auf! Nein, du arbeitest hier mit Menschen und sie haben ebenfalls bestimmte Erwartungen, etwa an ihren Job, an ihre Work-Life-Balance, an ihre Karriere. Da du Social Media aufgrund der vielen Vorzüge betreiben willst, solltest du von vornherein beachten, ihre Interessen und auch ihre Erwartungen zu verstehen und in deine Ziele zu integrieren. Dein Team soll motiviert an die Sache rangehen – nicht an seinem Burnout arbeiten. Vor allem gute Mitarbeiterinnen sind in unserer Zeit rar. Erkläre deinem Team also immer das *Warum*, sei offen bei deinen eigenen Erwartungen und beziehe die Erwartungen deiner Teammitglieder ein – von der Vision über den Action Plan bis zur Zielsetzung (Stichwort OKRs in einer transparenten Unternehmenskultur – mehr dazu im nächsten Kapitel).

Aus diesem Grund sind auch wirklich alle Bestandteile für den Prozess, den das ernsthafte Betreiben eines oder mehrerer Social-Media-Plattformen für dein Unternehmen definiert, so wichtig. Ohne eine klare unternehmerische Vision – oder im Klartext: das *Warum* –

versanden alle Bemühungen. So wird dein Team keine Content-Entscheidungen und keine Format-Entscheidungen treffen können.

Ohne die notwendigen *Skills* werden alle Schaffensprozesse von Unsicherheit geprägt, Deadlines werden überzogen, Frustration macht sich breit, die Menschen bauen einen inneren Schutzwall gegen das Social-Media-Projekt, verweigern sich still oder auch laut. Wenn du deinem Team keine *Incentives* bietest, kannst du dich bestenfalls auf durchschnittliche Ergebnisse und schlimmstenfalls auf Quiet Quitting, innere Kündigungen, oder irgendwann echte Kündigungen „freuen". Von fehlenden Ressourcen will ich gar nicht erst anfangen: Nichts führt schneller zu Stress und Unzufriedenheit, als wenn – um beim Autovergleich aus Kapitel 3 (S. 24) zu bleiben – dein Team aus den Resten eines Gebrauchten eine Luxuskarosse basteln soll. Möglich wär's, aber es wäre ein langer, langer, langer Weg.

Eine Sache noch zum Kapitelende. Das ist besonders wichtig und sollte nicht vergessen werden. Nachdem alles Strategische besprochen und festgelegt wurde, nachdem alle „Hütchen" vergeben worden sind, sobald dein Projekt „Social Media" startet – habe Vertrauen in dein Team. Nichts bringt das schönste Vorhaben schneller zum Erliegen als Micromanagement und stetige Kontrollen. **Wenn die Vision, der Action Plan, die Ressourcen stehen sowie die Skills und die Motivation vorhanden sind, kannst du dein Team einfach machen lassen.**

Damit du dich wohlfühlst mit dieser Haltung, stehen deinem Team und dir auch noch diverse Tools zum Reporting zur Verfügung – denn ein Check hier und da ist natürlich erlaubt und erwünscht. Wie sonst kannst du deinem Team zur Seite stehen?

Kapitel 6

▶ Zahlen und Fakten: Ob ROI oder KPIs – richtiges Reporting ist die Basis für Wachstum und Optimierung

Stell dir bitte einmal vor, du läufst und läufst und läufst. Es fühlt sich richtig gut an! Es duftet frisch nach frühem Morgen, dich umweht ein laues Lüftchen. Aber nach einer Weile fällt dir auf, du weißt weder, wohin du eigentlich willst, noch warum oder wie lange noch.

Wenn kein Ziel feststeht, bleiben natürlich auch die Erfolgserlebnisse aus. Versteht sich von selbst.

Im vorigen Kapitel habe ich daher von Zielen gesprochen und davon, diese als Chefin mit deinem Team zusammen zu erarbeiten. Klare Ziele sind für sich genommen schon extrem motivierend.

Doch im *daily business* werden sich dein Team und du voneinander entfernen. Nicht in jedem Betrieb ist genug Zeit, um sich immer über alle Abläufe, Erfolge oder Hindernisse rechtzeitig auszutauschen. Da kommen deinem Team und dir unterschiedliche Reporting-Tools zur Hilfe. Mit ihnen kannst du auswerten, wie eine Kampagne lief, wie der ROI[2] war, was künftig optimiert werden sollte.

Daten sind heute das A und O. Nicht nur im Verkauf, auch das Marketing muss heute auf Daten setzen. Große Betriebe haben dafür ausgeklügelte Systeme, aber auch mit einigen einfachen Griffen lassen sich Rückschlüsse auf das Verhalten einer Zielgruppe ziehen.

---

[2] Return on Investment = Kennzahl zur Messung der Rentabilität von Investitionen

Zahlen sind nicht alles, aber ohne Zahlen ist alles nichts

Da es das Ziel dieses Buchs ist, dir souveräne Entscheidungen unabhängig von den Plattformen, den heutigen wie den künftigen, zu ermöglichen, möchte ich mit dir eine bewährte Taktik teilen. Sie funktioniert plattformunabhängig und nennt sich:

Vermeide die Zahlenanbetung.

Auch wenn dir viele Tools vormachen, dass du allein aus den Zahlen Erkenntnisse gewinnen kannst, kommst du ohne etwas Interpretationsgeschick auf keinen grünen Zweig. Egal ob Content-Kampagne oder Ads, es ist immer wichtig, sich eine Übersicht zu verschaffen.

Aber Dan, diese eine Instagram-Kampagne ging total daneben! Ohne die Auswertung wüsste ich das ja nicht.

Das ist korrekt. Die Zahlen zeigen dir auf jeden Fall eine gewisse Symptomatik auf. Sie können aber nicht das komplette Bild abzeichnen. Das *Warum* musst du bzw. sollte dein Team jedoch aus einem ganzen System aus Fakten und Kontext ableiten können.

Zwei Beispiele:

Angenommen, du buchst bei einer erfolgreichen Influencerin eine Instagram-Kampagne. Die Zahlen, die sie dir im Anschluss zeigt, könnten besser nicht sein. Engagement[3], Klicks – alles sitzt. Einziges Problem: Es sind keinerlei Käufe getätigt worden. Die Followerinnen unterhielten sich zwar innerhalb der Kampagne munter mit ihrem Idol und klickten auch fleißig auf den Link, kauften aber nichts.

[3] Falls du das noch nicht wusstest: Die Aussprache von *Engagement* ist im Bezug auf Social Media immer die englische.

Oder diese Geschichte: Ein Unternehmen versendet eine E-Mail an eine festgelegte Zielgruppe und leitet diese auf eine spezielle Landingpage. Die Menschen öffnen die Mail, lesen sie, klicken sich durch. Auch hier werden letztlich keine oder nur wenige Käufe getätigt.

Die nackten Zahlen sagen dir ohne das *Warum* also erst einmal nicht viel.

Ursachenforschung: die Bedeutung hinter den Zahlen

Hier kommt noch eine wichtige, plattformunabhängige Regel:

Wenn etwas (nicht) funktioniert hat, such den Grund immer bei dir. Nur so lernst du und kannst immer mehr Erfolge verbuchen.

Lasse dich von Misserfolgen nicht einschüchtern. Viele Verantwortliche verfallen leider in Hektik oder erstarren ganz – sie wollen am liebsten gar nichts mehr auf Social Media machen. Das wäre aber viel zu schade!

Deshalb, wenn eine Kampagne richtig mies oder richtig gut lief, musst du akribisch genau untersuchen, welchen Kontext und welche Parameter es gab, die deine Kampagne – zu deinem Produkt, Service oder Unternehmen (Branding, Image, HR) – beeinflusst haben könnten:

- Gab es zeitgleich vergleichbare Kampagnen von der Konkurrenz?
- Bei Influencerinnen-Marketing und Affiliate-Marketing: Passte deine Kampagne wirklich zur Influencerin bzw. zu deren Zielgruppe?
- Waren alle Kampagnenbestandteile stimmig (Bildmaterial, Slogans, das Angebot selbst)?
- Stimmte die User-Experience in der Kampagne?

- Waren die Message und der Handlungsaufruf (CTA = Call to Action) klar und deutlich?
- Gab es einen saisonalen oder gesellschaftlichen Trend?
- Gab es gesellschaftliche Kontroversen oder kritische Themen?
- Ging die Kampagne zu einem günstigen Zeitpunkt live?

Manchmal verkauft ein Onlineshop nämlich nicht nur aufgrund eines Sale-Angebots überdurchschnittlich viel, sondern weil es kalt und verregnet ist oder heiß und sonnig oder aber eine bestimmte Serie auf Netflix durch die Decke geht. Manchmal ist deine Kampagne so erfolgreich, weil die Konkurrenz gerade nichts anbietet. Und manchmal hast du einfach *alles richtig gemacht*, eine loyale Community aufgebaut und deiner Zielgruppe aus der Seele gesprochen. Diesem feinen Unterschied, dem musst du unbedingt auf die Spur kommen!

Zurück zu den Zahlen: Wissenswertes zu ROI, KPIs und OKR

Da wir Social Media immer nur aus Gründen betreiben, die dein Geschäftsmodell vorantreiben sollen, kann auch das Social-Media-Engagement deines Teams oder deines Unternehmens gemessen werden. Nur mit vernünftigem Reporting kannst du deine Strategie anpassen und bevorzugt zu Maßnahmen greifen, die den meisten Erfolg (deinen Zielen entsprechend) versprechen.

1. Social-Media-ROI

Auch bei Social-Media-Maßnahmen kannst du daher – bei entsprechender Zielsetzung – den ROI berechnen. Dein ROI kann monetär und nicht-monetär sein. Entsprechend gibt es keine universelle Formel, die für alle Unternehmen gilt.

Prinzipiell geht es bei der ROI-Berechnung um eine Abwägung von Kosten versus Nutzen.

Kostenseite

Auf der Kostenseite können folgende Faktoren eine Rolle spielen:

- reine Arbeitszeit/reiner Arbeitsaufwand
- Fortbildung, Teamaufbau
- Ausgaben für Infrastruktur, Technik, Ausstattung
- Beschaffungskosten für den Content
- Agenturen und Beraterinnen
- Werbe-, PR- und Social-Media-Budget
- Social-Media-Tools

Nutzenseite

Auf der Gewinnseite können natürlich auf Social Media zurückzuführende **Umsätze** stehen, hochwertige **Leads** oder hervorragende **Kandidatinnen**. Um einschätzen zu können, wie viele Wunschaktionen wie **Käufe, Abonnements, Anrufe** und dadurch erzielte Erfolge deine Social-Media-Maßnahmen erwirken, lohnt sich ein Blick in die Analytics. So kannst du den Wert deiner Arbeit unmittelbar in Zahlen ausdrücken und auch quer durch die Abteilungen des Unternehmens den Nutzen aufzeigen.

Außerdem ermöglichen dir gezielte Einblicke auch, Fehler in der Strategie und Taktik rechtzeitig aufzudecken und deine Social-Media-Community besser zu verstehen.

2. Die Kennzahlen – Social-Media-KPIs

Um auch hier wieder plattformunabhängig zu bleiben: Wichtig für die KPIs[4] ist, genau wie für die allgemeine Zielsetzung, dass du deine Ziele mit der Plattform deiner Wahl auch wirklich erreichen kannst. Wenn du das kannst, musst du einen Weg finden, die Erfolge messbar zu machen.

Wenn du bei Social-Media-Kennzahlen als Erstes an die Größe der Community bzw. die Anzahl der Followerinnen, die Likes, die Shares oder die Kommentare denkst, denkst du an sich richtig. Allerdings sind diese Zahlen ohne echte Ziele dahinter auch nur genau das – Zahlen. Oft als *vanity metrics* (Deutsch: Nichtigkeits-Kennzahlen) verschrien, können sie dennoch nützlich für deine Zielsetzung und die regelmäßige Auswertung sein.

Faustregel: Jede Zahl ist eine wichtige Zahl, sofern sie mit deinen Unternehmenszielen in Verbindung gebracht werden kann.

Um einige Beispiele für „gute", sinnvolle KPIs zu nennen:

Conversion-KPIs → Conversion Rate, Klickrate, CPC (Cost-per-Click), Absprungrate

Engagement-KPIs → Viralitätsrate, Shares pro Post, Likes, Kommentare

Image-KPIs → Reichweite, Wachstumsrate der Followerinnen, Share of Voice

Eine sinnvolle Kennzahl ist innerhalb eines festgelegten Zeitraums gut messbar, passt zu den Unternehmenszielen und hilft, die eigene Social-Media-Strategie zu verfeinern.

[4] Key Performance Indicator = Kennzahl zum Ermitteln von Zielerreichung

3. OKR und Social Media

Wenn unternehmerische Ziele auf einen lebendigen Teamgeist und eine agile Denkweise treffen, ist das OKR-Framework nicht weit. Das Gute an OKR[5] ist, dass diese Methode der Zielsetzung und Erfolgsmessung dein Team involviert und so stark motivierend wirken kann.

Falls dein Unternehmen mit OKRs arbeitet, kannst du auch deine Social-Media-Ziele mit Objective-Key-Results-Sets beschreiben. Wichtig ist nur, dass auch hier das Objective auf die Vision des Unternehmens hin ausgerichtet wird und die Key Results messbar bleiben.

Ein OKR-Set für dein Social-Media-Projekt könnte daher etwa so aussehen:

Objective (= Wo will ich hin, was will ich erreichen?)

- ➡ Wir lancieren unseren TikTok-Account und bauen eine starke Community aus unserer klassischen und einer neuen Zielgruppe auf.

Key Results (= Wie sieht das Ziel aus und wie messe ich das?)

- ➡ Wir erreichen ein engagiertes, aktives Following von 5.000 Personen aus unserer Kernzielgruppe.
- ➡ Wir werden von fünf relevanten TikTok-Kanälen erwähnt.
- ➡ Mit jedem neuen Post auf TikTok erreichen wir über 10 % Engagementrate.

---

5 Objectives and Key Results = Management-Methode, bei der sämtliche Ziele und Leistungen auf allen organisatorischen Ebenen eines Unternehmens berücksichtigt werden

Nach dem Reporting ist vor dem Reporting: die Optimierung

Zwischen den einzelnen Reporting-Schritten wirst du bzw. wird dein Team den Social-Media-Kurs überprüfen können. Wichtig dabei ist, sich nicht von Zahlen blenden oder in die Irre führen zu lassen. Und: Gib auf keinen Fall mehr Ressourcen fürs Reporting aus als für die Sache selbst!

Getreu dem alten Motto „Ich traue keiner Statistik, die ich nicht selbst gefälscht habe", solltest du das Reporting nicht als Feel-Good-Maßnahme sehen. Zu groß ist sonst die Versuchung, gerade wenn man bei null beginnt, sich für jedes Like mehr auf die Schulter zu klopfen, ohne dass tatsächliche Ziele erreicht werden.

Wenn dein Team dir also Zahlen vorlegt, frage dich, woher diese Zahlen kommen und was sie im Kontext bedeuten. Überprüfe immer wieder, ob dein Team die Richtung hält oder anpassen muss, und vor allem, ob du dem Team genug Ressourcen für die Zielerreichung zur Verfügung stellst.

Kapitel 7

▶ Strategisches rund um die Auswahl, Beschaffung und Planung von Content

Das Kapitel rund um Content wird ein kurzer, frischer „Eye-Opener“.

Am Anfang will ich zwei Mythen zerstören. Nicht, weil ich denke, dass diese zu diesem Zeitpunkt noch bestehen, sondern für den Fall, dass du Entscheidungsträgerinnen in deinem Umfeld hast, die daran festhalten.

Mythos Nummer 1: Content ist kostenlos

Davon schwirren verschiedene Versionen da draußen herum. Bei einigen Menschen hat sich die Vorstellung festgesetzt, dass Content irgendwie easy und gratis sei. Das Körnchen Wahrheit hier ist, dass der Zutritt zu den Plattformen easy und gratis ist, doch Content-Creation und auch die Distribution sind weit davon entfernt. Guter Content kostet Arbeitszeit und entsprechend auch Geld. Natürlich ist auch Fremd-Content, den du auf Pinterest, Instagram oder in der Suchmaschine findest, keinesfalls *free to use*!

Mythos Nummer 2: Content-Beschaffung ist hart

Das ist die Gegenseite zum ersten Glaubenssatz. Manche Menschen stehen schier ratlos vor einer Social-Media-Plattform – Inhalte wollen ihnen nicht einfallen. Dabei existiert in wirklich jedem Unternehmen eine riesige Quelle an Content. Natürlich muss dazu gesagt werden, dass du nicht jedes bisschen Content eins zu eins übernehmen kannst. Der Inhalt einer Pressemitteilung als ein fünfsekündiges Standbild-Video macht sich nämlich schlechter als ein natives TikTok-Video zum Thema der Pressemitteilung. Mit einem Plan kannst du jede Art von Information definitiv zu coolem Content machen.

Content auswählen, beschaffen – und dann loslassen

Die Auswahl des Contents lange vor dem ersten Post sollte ein Prozess sein, bei dem im Unternehmen mehrere Stakeholder beteiligt sind. Legal, Marketing, Sales, Customer Support – es ist enorm wichtig, rechtzeitig alle für dein Unternehmen relevanten Informationen einzuholen.

Es muss einen Konsens geben, welche Inhalte das Unternehmen posten kann und welche nicht. Mancher Content hat bestimmte Konsequenzen, mancher Content kann Reaktionen mit sich bringen, die nicht immer angenehm sind. Aus diesem Grund ist es bei der Planung wichtig, die Grenzen festzusetzen – zum Beispiel zu definieren, ob euer Content auch provozieren darf. Wie bei allen Medien ist auch bei Social Media die rechtliche Seite jederzeit zu beachten. Es muss außerdem generell kommuniziert werden, dass Content benötigt wird.

Aus all diesen Steps und natürlich aus den Unternehmenszielen kannst du deine Content-Strategie ableiten und festlegen. Um den Content dann auch beschaffen zu können, wird dein Team bestimmte Tools benötigen, um Inhalte zu sammeln, zu planen, zu archivieren, zu produzieren und zu posten. Das kann Hardware sein, Zugang zu Musik- oder Bilddatenbanken, technische Ausstattung, Vollversionen bestimmter Apps und so weiter. Frage nach, um deinem Team auch das entsprechende Ökosystem zu bieten. Entscheide hier ebenfalls, was Inhouse gemacht wird und was externe Dienstleisterinnen – etwa PR- oder Social-Media-Agenturen – übernehmen sollen.

Wichtig: Die Umsetzung der Strategie überlässt du im nächsten Schritt deinem Team. Denn im Idealfall hast du ein Team, das die Plattform beherrscht, sich auskennt und Wege findet, die Strategie mit cooler Taktik und hoffentlich viel Motivation umzusetzen. Natürlich solltest du den Content zwischendurch auch selbst ansehen, aber eher durch die Neugier-Brille. (Das Reporting ist eine andere Sache, als seinen eigenen Unternehmens-Content zu kennen.)

Takeaway: Social Media sind Medien wie alle anderen. Lass dich nicht vom Freshness-Faktor ablenken und von den Trends wegschwemmen, sondern plane deinen Content strategisch.

Kapitel 8

▶ Social-Zen: In der Unbeständigkeit der Algorithmen gelassen bleiben

So, und jetzt widerspreche ich mir direkt ein bisschen. Ja, so kann es kommen. Auch das Social-Media-Leben ist nicht nur schwarz und weiß!

Social Media ist ein Medium wie jedes andere und doch ist Social Media zugleich auch eine ganz andere Welt.

Ja, was denn nun?

Es stimmt schon, auch soziale Netzwerke sind Medien. Doch sie unterscheiden sich in einem ganz wichtigen Element von den restlichen: Social Media ist immer im Wandel. Social Media lebt von der stetigen Neuerfindung. Diesen Wandel kannst du nicht aufhalten, aber du kannst davon profitieren!

Um das Ganze gleich noch paradoxer zu gestalten: Während sich die Algorithmen ständig wandeln, bleiben die Menschen, die Social Media nutzen, relativ gleich.

Warum werden die Algorithmen nun andauernd geändert?

Der Algorithmus versucht eine einzige Sache: nämlich neue Wege zu finden, um das Engagement und die Verweildauer der Nutzerinnen auf der Plattform oder in der App zu erhöhen. Das Ziel der

Plattformen bleibt also immer: Engagement und Verweildauer. Behalte das stets im Hinterkopf.

Um dieses Ziel zu erreichen, werten die Plattformen die Nutzungsdaten aus und ja, sie experimentieren auch mit unterschiedlichen technologischen Tools und unterschiedlichen medialen Formaten. Egal, welche Clipdauer gerade schwer angesagt ist oder welche Post-Frequenz aktuell empfohlen wird, eines bleibt immer bestehen: Die Plattformen bedienen weiterhin die Grundbedürfnisse ihrer Userinnen und versuchen, das Erlebnis immer besser zu machen.

Doch auch du nutzt Social Media mit eigenen Zielen im Blick. Um deine Ziele zu erreichen, musst du daher das Interesse der Unternehmen hinter den Plattformen berücksichtigen. Am Ende gilt ohnehin: Social Media ist für dich kein Selbstzweck, sondern nur eines von mehreren Tools, die du nutzen kannst, um deine Unternehmensziele zu erreichen. Deshalb lass dich nicht von den Algorithmen verrückt machen. Mach dich frei vom (einschüchternden und lähmenden!) Gedanken, dass der Algorithmus alles beherrscht. Bleib up to date, doch: *Make it work for you.*

Für alle Plattformen ohne Ausnahme gilt: Berücksichtige neben deinen Zielen die Interessen der Menschen, die diese Plattform nutzen, sowie das Interesse der Plattform selbst – und der Algorithmus wird für DICH arbeiten.

Du siehst diese drei Kreise. Jeder Kreis steht für das Eigen- oder Kerninteresse der Gruppe beziehungsweise der Person. Wichtig ist nun, die gemeinsame Schnittmenge, den ***Sweetspot***, dieser Interessen zu finden und klug zu nutzen.

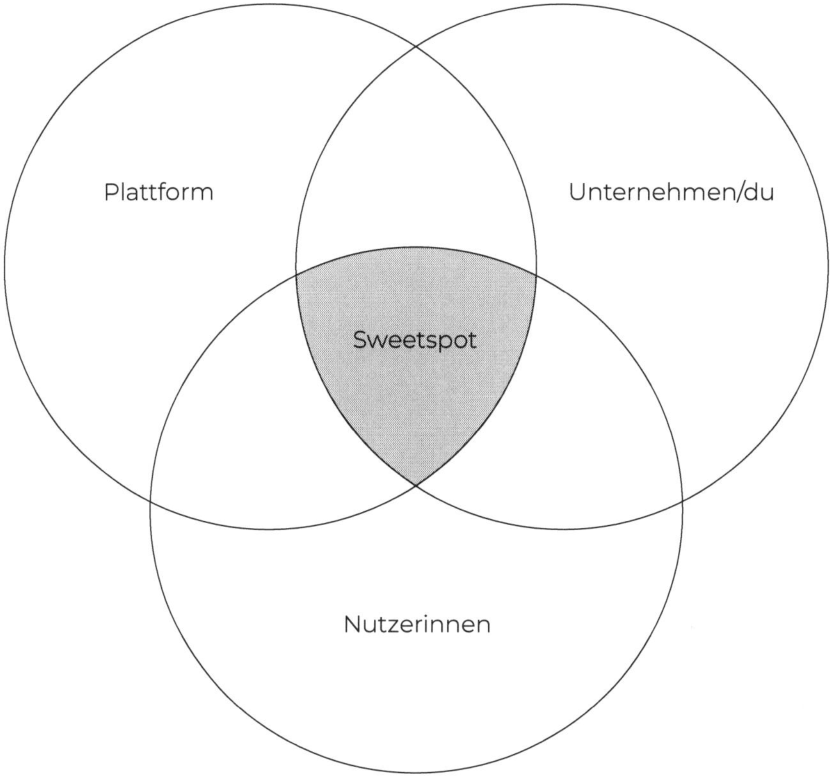

Kapitel 9

▶ Die Kunst der Konkurrenzbeobachtung

Bevor wir uns im 2. Teil des Buchs mit der konkreten Umsetzung befassen, will ich noch einmal auf ein Thema eingehen, das ich schon vorher gestreift habe: die Kunst der Konkurrenz- und Marktbeobachtung.

Den Markt und die Konkurrenz im Blick zu behalten, ist im Geschäftsleben natürlich essenziell. Doch wie immer gilt, dass du vorsichtig beim Interpretieren sein solltest. Im Internet und auf Social Media gilt es wohl gleich hundertfach, weil hier alles so schnelllebig und scheinbar unvorhersehbar ist und manchmal nach eigenen Gesetzen abläuft.

Du verlässt gewohntes Terrain

Wie die Industrie, in der sich dein Business bewegt, so ist auch Social Media eine Industrie für sich. Sie ist ein Geflecht aus Plattformen, Unternehmen, Agenturen, Persönlichkeiten sowie deren Beziehungen und gewissen industrieeigenen Regeln, Regelungen, Gepflogenheiten und Gesetzen (auch im Sinne des geltenden Rechts). Es lohnt sich also, das Geschehen zu beobachten und zu verstehen.

Was kann dir die Marktbeobachtung bringen? Du lernst relevante Persönlichkeiten, Opinion Leader, wichtige Trends und natürlich diverse Erfolgsgeschichten kennen.

Nicht nur die Konkurrenz beobachten

Wenn es um die Beobachtung dessen geht, was die Konkurrenz auf Social Media treibt, gibt es gute, aber auch falsche Wege.

Der absolut falsche Weg ist, blind alles mitzumachen, was die Konkurrenz tut, in der Hoffnung, dass der (oft vermeintliche) Erfolg aufs eigene Unternehmen abfärbt. Es ist auch nicht richtig, nur die eigene „Blase" zu beobachten – ein branchenunabhängiger Blick liefert dir viel mehr interessante Ideen und Inspiration. Es ist definitiv als falsch einzuordnen, sich vom Erfolg anderer verunsichern zu lassen.

Wenn du über den Tellerrand hinausschaust, achte auf erfolgreiche Creatorinnen und Unternehmen, schau dich in anderen Ländern und in unterschiedlichen Branchen um. Dabei geht es nicht darum, sich Inhalte abzuschauen, sondern das technische und inhaltliche *Wie*, die Abläufe und die Idee dahinter anzusehen und zu verstehen. Nur so kannst du das Gesehene an dein Business anpassen und etwas Eigenes schaffen. Theoretisch kann sich sogar der *medienübergreifende* Blick in die Formate und Beiträge älterer Magazine lohnen. Auch dort kannst du Spannendes entdecken, das dich voranbringt!

Ganz wichtig: Sieh dir immer die Reaktionen der Menschen an. Der schönste Instagram-Feed mit fünfstelligem Following ist nicht unbedingt nachahmenswert, wenn in den Kommentaren lediglich die üblichen Verdächtigen, nämlich drei Bots, ihr Unwesen treiben. Du willst Content finden, der die Menschen abholt, inspiriert, aktiviert – den sie teilen und speichern. Die Stichworte lauten **Verweildauer** und **Engagement**.

Hinterfrage im Anschluss immer, warum gewisse Dinge funktionieren und welche Ressourcen dahinterstecken. Ästhetik, Technik, Location, Ausstattung, Team, Geschichte – hast du die Ressourcen, um diese als erfolgreich identifizierten Formate ebenfalls mit Erfolg umzusetzen? Und: Passt das zu deinem Thema, zu deinen Zielen und zu deinem Geschäftsmodell?

Denn vielleicht hat Gary Vee ein Millionen-Following auf Instagram, das sehr aktiv auf die für deinen Geschmack seltsamsten Posts reagiert, allerdings hat er auch nicht vor einem Jahr mit Instagram angefangen und arbeitet inzwischen nicht mehr allein.

Du wirst in den meisten Fällen nicht wissen, wie groß das Team hinter einem Account ist und wie viel Budget es zur Verfügung hat. Lass dich daher lieber nicht zu vorschnellen Annahmen über Erfolg und erfolgreiche Formate hinreißen.

Leite von deinen Beobachtungen nur ab, was für dein Unternehmen sinnvoll *und* für dein Team machbar ist.

Dieses Vorgehen gilt plattformunabhängig.

Und jetzt legen wir richtig los: Hier kommt Teil II.

Teil II

Einfach machen – die Umsetzungsebene

Kapitel 1

▶ Für einen starken Auftritt

Um mit deinem Unternehmen Erfolg auf Social Media zu haben – also die für dieses oder jenes soziale Netzwerk gesetzten Ziele zu erreichen – musst du dafür sorgen, dass die Grundlagen stimmen.

Doch wenn es um das tägliche Tun auf Social Media geht, bezeichne ich gern das Zielergebnis beim Auftritt, beim Content und last but not least beim Umgang mit deiner Community als den **Boah!-Effekt**. Er ist quasi der Wow-Effekt im Quadrat. Nichts motiviert auf Dauer so sehr, wie der Wunsch, eben diesen Boah!-Effekt bei deiner Zielgruppe zu erreichen. Die Menschen, die dir folgen, bekommen eine DM[6], sie sehen ein Reel, sie lesen einen Post und spüren schon die Begeisterung in sich.

Nachdem Strategie, Zielsetzung und Teamaufstellung klar sind, ist der Boah!-Effekt dein Nordstern, das Antidot für Langeweile und „Haben wir schon immer so gemacht". Er ist außerdem dein täglicher Reminder, zuallererst an die Menschen, an deine Community zu denken.

Wenn dein Augenmerk dem gilt, deine Community zu überraschen, zu unterhalten und für sie wirklich da zu sein, werden dir viele der täglichen Arbeitsschritte und Entscheidungen leichter fallen. Es ist nämlich ein bisschen, wie mit einem Motorrad oder Auto eine kurvenreiche Straße entlang zu cruisen: **Dein Blick ist immer aufs Ziel gerichtet**, nämlich auf das Ende der Kurve, nie auf die Straße direkt vor dir.

---

[6] Direct Message = Direktnachricht auf der Plattform

In den ersten drei Kapiteln des II. Teils zeige ich dir auf,

- ✓ wie du dich mit wirklich jeder Plattform vertraut machst,
- ✓ welche Basics noch vor dem Launch stehen müssen und
- ✓ wie du schon beim Profilaufsetzen für alle Eventualitäten (inklusive eines bereits vergriffenen Accountnamens) gerüstet bist.

Mit der Plattform vertraut machen

Aus erster Hand: Lerne die Plattform und die App kennen

In diesem Kapitel lernst du ein einfaches System, um dich mit jeder Plattform – heute und in Zukunft – zuverlässig vertraut zu machen.

Um mit deinem Unternehmensaccount erfolgreich auf Social Media zu sein, ist eine tiefe Kenntnis der jeweiligen Plattform erforderlich. Das hat Social Media wohl mit allen Lebens- und Geschäftsbereichen gemeinsam. Du solltest dich daher mit zwei Dingen vertraut machen: Mit den **Plattformen** bzw. den Apps selbst und mit den Unternehmen, die diese Plattformen betreiben.

Denn die Unternehmen hinter Instagram, YouTube, TikTok und Co. finanzieren sich momentan in überwältigender Mehrheit über Werbung. Sie lieben *Verweildauer* und *Engagement*.

Accounts, die Nutzerinnen auf der Plattform halten können und die eine angemessene Aktivität verursachen, werden daher von allen Social-Media-Plattformen favorisiert.

Ob Artikel in der Fachpresse oder YouTube-Shorts, das aktuelle, fundierte Wissen über die Plattform deiner Wahl ist irgendwo da draußen. Mit meinen Steps aus diesem Kapitel wirst du es finden.

Sehen wir uns gemeinsam an, welcher Prozess hilft, dich mit wirklich jeder Social-Media-Plattform zuverlässig vertraut zu machen.

Hier habe ich einen kleinen Spickzettel für dich vorbereitet, priorisiert nach der Wichtigkeit deiner Quellen:

- ✓ Nutzung der Social-Media-Plattform
- ✓ offizielle Kanäle der Social-Media-Plattform
- ✓ Plattform-eigene Lernangebote
- ✓ Plattform-eigene Profile
- ✓ Plattform-verifizierte Marketing Partners
- ✓ unabhängige Expertinnen

Nutzung der Social-Media-Plattform

Schritt 1, um jede Social-Media-Plattform der Welt erfolgreich zu bespielen: Sei unterwegs auf dieser Plattform!

Schau dich um. Bevor du dich aktiv mit deinem Unternehmens-Account dort engagierst, ist es sinnvoll, einfach mal die Lage zu checken. Was machen andere Nutzerinnen, wie interagieren die Menschen, was freut sie und was nervt sie? Schau dir genau an, wie die App dieser Plattform aufgesetzt ist und was für Funktionen sie dir bietet. Kurz: Mach deine eigenen Erfahrungen. Wenn sich dir an dieser Stelle schon Fragen stellen, klasse, schreib sie dir unbedingt für später auf.

Offizielle Kanäle der Social-Media-Plattform

Ignoriere fürs Erste die Mythen, neuesten Algorithmus-Gruselmärchen und Gerüchte, die die Plattform umwabern. Dein bester Anlaufpunkt ist – wenig überraschend – das Unternehmen, das die App bzw. Plattform betreibt. Instagram und Facebook werden von Meta betrieben, YouTube von Alphabet Inc., TikTok von ByteDance.

Die Informationen zum Geschäftsmodell findest du, wie bei jedem anderen Unternehmen auch, auf den offiziellen Kanälen: Website (des Unternehmens, nicht der Plattform), Geschäftsberichte und Earnings Calls, Interviews mit der Geschäftsführung, Pressemitteilungen. Studiere diese immer wieder, um zu verstehen, was für Ziele das Unternehmen verfolgt, welche Vorteile es dir bietet und wo es vielleicht Probleme geben könnte. Natürlich liest es sich sehr offiziell und nicht immer so exakt, wie von dir vielleicht erwünscht, dennoch ist das eine Top-Informationsquelle, da es sich dabei um Informationen aus erster Hand handelt.

Für noch mehr Insiderwissen empfehle ich dir außerdem **LinkedIn**. LinkedIn ist eine klasse Plattform, um sogenannte *Corporate Influencerinnen* zu finden, also Mitarbeiterinnen der Plattform, die einen Blog führen oder interessante Beiträge rund um die Plattform teilen. Oft spezialisieren sie sich auf bestimmte Themen, die für dich spannend sein könnten, z. B. Technologie, Datenschutz, Marketing. Folge ihnen für noch mehr News, Wissen und Insights.

Plattform-eigene Lernangebote

Dann gibt es noch die Plattform-eigenen Lernressourcen. Hier zeigen dir die Social-Media-Unternehmen, welche neuen Features auf dich zukommen und wie du diese optimal nutzt.

Manchmal gibt es auch Guides, Tutorials oder Kurse speziell zu bestimmten neuen Funktionen. Solche Angebote sind zumeist kostenlos, schließlich sind die Firmen daran interessiert, dass gute Inhalte produziert und veröffentlicht werden, Austausch entsteht und die Nutzerinnen sich deshalb möglichst lange auf der Plattform aufhalten und sich vernetzen. Im Idealfall ist das eine Win-Win-Situation für alle.

Das bereits erwähnte LinkedIn hat ebenfalls eine sehr gute Wissensquelle, den eigenen Blog:

https://blog.linkedin.com/

Wenn du LinkedIn darüber hinaus als eigene Social-Media-Plattform nutzen möchtest, findest du ein Angebot an Tipps für erfolgreiches LinkedIn-Marketing hier:

https://training.marketing.linkedin.com/page/de

Ähnlich verhält es sich mit jeder anderen Plattform. Meta, das Unternehmen hinter Facebook, Instagram und WhatsApp, veröffentlicht alle News auf dem unternehmenseigenen Blog:

https://about.fb.com/news/

Auch für einzelne Social-Media-Themen bietet Meta Hilfestellungen, Schritt-für-Schritt-Anleitungen und Inspirationsquellen auf Seiten wie:

https://business.instagram.com/getting-started

TikTok bietet seine Lehrinhalte aktuell an unter

https://www.tiktok.com/business/de und

https://ads.tiktok.com/business/creativecenter/pc/en

Jede Plattform hat außerdem eigene Newsletter, für die du dich eintragen kannst. Schau also als Erstes bei den Social-Media-Unternehmen selbst nach Informationen.

Plattform-eigene Accounts

Jedes Social-Media-Netzwerk hat auf der hauseigenen Plattform sowie oft auf konkurrierenden Netzwerken einen Account für die Company angelegt. Auch einige Mitarbeiterinnen bespielen ihre Accounts mit interessanten, plattformrelevanten Inhalten.
Mein Tipp: Folgen, lesen, lernen!

Einige Beispiele für Accounts, die viel Wissenswertes über die jeweilige Plattform veröffentlichen:

Instagram
@instagramforbusiness @creators @mosseri
@tilda

TikTok
@tiktok @tiktok_deutschland
@tiktokforbusiness @tiktoklive
@tobias_henning

https://www.tiktok.com/business/de/newsletter-eu

LinkedIn
LinkedIn for Creators:
https://www.linkedin.com/showcase/li4c

https://de.linkedin.com/showcase/linkedin-news-dach

In the Loop (Newsletter):
https://www.linkedin.com/newsletters/in-the-loop-6897725118257209345/

Building LinkedIn:
https://www.linkedin.com/newsletters/building-linkedin-6835697037271457792/

Plattform-verifizierte Marketing Partners

Weil keine Plattform der Welt alle Anfragen zur Beratung alleine stemmen könnte, arbeiten die Unternehmen mit zuverlässigen Agenturen zusammen. Diese werden gesondert geschult, als sogenannte *Marketing Partners* geführt und auch auf den Seiten der Plattformen öffentlich gelistet.

Hier findest du die Marketing Partners der aktuell gängigsten Social-Media-Plattformen:

TikTok
https://ads.tiktok.com/marketing-partners/directory/

Meta
https://de-de.facebook.com/business/marketing-partners

LinkedIn
https://business.linkedin.com/marketing-solutions/marketing-partners

Wenn du die Marketing Partners für dich entdeckt hast, schau nach, ob sie eigene Ressourcen wie Podcasts, Blogs oder Webinare rund um die Plattform deiner Wahl anbieten und ob du dort etwas Wissenswertes für dich findest.

Unabhängige Expertinnen

Natürlich gibt es auch jenseits der Plattformen und Agenturen unabhängige Expertinnen für die jeweilige Social-Media-Plattform. Es existieren ganze YouTube-Channels, die nichts anderes behandeln als Wachstum auf Instagram, LinkedIn, YouTube oder TikTok.

Das Schönste: Die Expertinnen von heute können sowohl gestandene Medienprofis sein als auch sehr junge Menschen, die einfach nur mega viel Spaß an ihrer Lieblingsapp haben und sich extrem gut mit Funktionen und cleveren Tricks für mehr Reichweite, Engagement usw. auskennen.

Wenn ihre Tipps funktionieren (sowie ethisch und legal unproblematisch sind), solltest du dir auch ihre Kanäle, Blogs, Vlogs, Newsletter etc. als Informationsquelle merken.

Mein abschließender Tipp

Bei besonders spannenden Artikeln, Videos, Podcasts usw. kannst du dir meistens auch die Quellen der Autorinnen anschauen. So kannst du mit der Zeit weitere Recherchequellen für dich entdecken.

Denk aber daran, dass du diese Informationsquellen für alle Teammitglieder erreichbar ablegst und diese Liste stets aktualisierst. Denn deine Recherche wirst du immer wieder neu aufgreifen müssen. Die Plattformen entwickeln sich schließlich weiter, sogar jetzt gerade, während du diesen Satz zu Ende liest!

Nur wenn du dich proaktiv informierst und immer up to date bleibst, wirst du die für dich wichtige Social-Media-Plattform (mit der Zeit) gut verstehen – und sie auch richtig effektiv für dein Unternehmen nutzen können. Der alte Spruch „Wer rastet, der rostet" könnte bei Social Media nicht zutreffender sein.

Hier sind einige Adressen aus meiner ganz eigenen Up-to-date-Liste:

Fachpresse

Social Media Today
https://www.socialmediatoday.com

YPulse
https://www.ypulse.com

Marketing Dive
https://www.marketingdive.com

Insider Intelligence
https://www.insiderintelligence.com

The Verge
https://www.theverge.com

Industrie-Persönlichkeiten

Alessandro Paluzzi

https://twitter.com/alex193a

Jane Manchun Wong

https://twitter.com/wongmjane

Nima Owji

https://twitter.com/nima_owji

(Stand: November 2022)

Bevor du loslegst: Strategie, Team, Ausstattung

◗ Was brauchst du, um bei Instagram, TikTok und Co. aktiv mitzumischen?

Erfolg kommt nie ohne Plan: In diesem Kapitel legst du den Grundstein für reibungslose Abläufe für jede Social-Media-Plattform – technisch, rechtlich, organisatorisch.

Gleich kannst du dich auf mehrere Checklisten freuen, die dir helfen, an alles wirklich Wichtige schon von vornherein zu denken.

Lass dich von der Länge der Listen bitte nicht entmutigen. Betrachte sie wie eine „Was packe ich für den Strandurlaub ein?"-Checkliste. Mit ihr holst du einfach das Beste aus deiner Zeit auf der Plattform deiner Wahl heraus!

Also, woran muss gedacht werden, bevor der erste Social-Post mit der Welt geteilt wird?

Das große Ziel im Blick: Checkliste zu Zielen und Budget

- ☑ eine **Plattform-Strategie**, die sich in die Gesamtstrategie des Unternehmens einfügt
- ☑ messbare und planbare **Zielvorgaben**/Key Performance Indicators
- ☑ ein festgelegtes/freigegebenes **Budget** für monatliche und einmalige **Anschaffungen**
- ☑ ein festgelegtes/freigegebenes **Budget** für **Content-Kreation** und bezahlte **Verbreitung**
- ☑ eine festgelegte **Teamzusammensetzung** mit für die Aufgabe eingeräumter **Arbeitszeit**

Checkliste Ausstattung und Technik

- ☑ Steht **technisches Equipment** zum Bespielen und Nutzen von Social Media zur Verfügung? Ist eine Anschaffung geplant oder erfolgt sie ggf. in mehreren Schritten?
- ☑ Zum absoluten **Basic-Equipment** gehören ein modernes Smartphone, eine stabile Internetverbindung mit gutem WLAN und Zugang zur gesicherten, unternehmensinternen Speicherlösung, um den Bild- und Video-Content in Originalqualität zu archivieren.
- ☑ **Speicherlösung:** Unterschätze nicht, wie massiv Rohdateien und Videodateien werden können, wenn du Speicher-, Archivierungslösungen und Lösungen zum Teilen der Daten in deinem Team entwirfst.
- ☑ **Planst du einen Podcast**, brauchst du im ersten Schritt außerdem unbedingt ein gutes Mikro, Räume zum ungestörten Aufzeichnen und eine Audioschnitt-Software bzw. -App.
- ☑ Musst du oder jemand im Team speziell für Social Media neue **Produktbilder** erstellen, wirst du u. U. gute Beleuchtung, ggf. eine extra Kamera sowie sogenannte Backdrops (Hintergründe für deine Produktinszenierungen) und Props (zusätzliche Accessoires, die die Produkt-Message unterstützen) brauchen.
- ☑ Sollen **Videos** gedreht werden, gilt auch hier: Lichtequipment, ein (idealerweise wiedererkennbarer) videotauglicher Hintergrund, mindestens eine Schnitt-App, ggf. ein leistungsstarker Computer mit Schnitt-Software.
- ☑ **Sichere Aufbewahrung** des mobilen Equipments.
- ☑ **Nice to have:** Auch wenn du Videos überall drehen kannst, machen dich extra Räumlichkeiten für die Foto- und Video-Aufnahmen unabhängig von Wetter und anderen Umständen.

Profi-Tipp zum Videoschnitt: Kostenlose Versionen der Smartphone-Apps wie CapCut oder InShot reichen für den Anfang aus.

Checkliste Formalitäten, Ownership, Sicherheit

- ☑ **Um deinen Account zu schützen**, nutze die heute als Standard geltende Zwei-Stufen-Authentifizierung. Dafür brauchst du eine Telefonnummer und Mailadresse. Beides muss dem Unternehmen gehören und sollte aus vielen Gründen niemals auf privaten Rufnummern/Mailadressen basieren.

- ☑ **Passwort-Vergabe und der Umgang mit den Zugangsdaten:** Im besten Fall lässt du dich von der IT-Abteilung deines Unternehmens dabei unterstützen und auch beim Thema, wie die Zugangsdaten gespeichert werden sollen, damit alle zuständigen Personen (und zwar nur diese) jederzeit Zugriff darauf haben.

- ☑ **Klare Regelung der Zuständigkeiten:** Wer hat die Generalverantwortung? Wer soll in welchem Umfang unterstützen? Wer ist zuständig für den Content und wer fürs Community-Management (die Interaktion und ggf. das Weiterleiten der Anfragen aus den Kommentaren)? Social Media schläft nie –
wie sehen da die „Öffnungszeiten" des Teams im eigenen Profil aus?

- ☑ **Rechtssicherheit:** DSGVO, Impressumspflicht, Copyright –
alle rechtlichen Fragen müssen im Vorfeld sauber geklärt werden.

- ☑ **Policies:** Sobald dein Unternehmen auf Social Media sichtbar wird, entsteht Interaktion. Das ist der eigentliche Sinn, das *Social* in Social Media. Konsequenz: Sämtliche online-affinen Mitarbeiterinnen deines Unternehmens werden sich das Profil vermutlich ebenfalls anschauen wollen. Daher ist es essenziell, rechtzeitig entsprechende Unternehmensregeln **für alle** aufzusetzen. Das ist zum Beispiel besonders wichtig im Umgang mit Kritik, Troll- und Hater-Kommentaren – oder schlicht mit lautstarken Beschwerden. Alle im Unternehmen müssen verstehen, an wen sie sich wenden können und was zu tun ist, wenn sie online eine gute oder schlechte Bewertung entdecken, einen verdächtigen Account sehen, ihnen kritische Kommentare auffallen usw.

- ☑ **Freigabeprozesse:** Neben der Regelung der Zuständigkeiten ist es wichtig, sich im Vorfeld Gedanken zu den Freigaben zu machen. Welche Inhalte müssen freigegeben werden und durch wen? Wie sind die etwaigen Fristen? Wie geht das Team bei sehr kurzfristigen Inhalten vor? Aus einigen Freigaberunden können sich mit der Zeit auch unternehmenseigene Dos und Don'ts bzw. Best Practices für Inhalte ergeben.
- ☑ **Arbeitszeit und Team:** Unerlässlich ist die Frage, welche Teammitglieder mit welchen Aufgaben betraut werden und wie viel Zeit dafür eingeplant werden darf. Gerade am Anfang solltest du mehr Zeit einplanen als nötig erscheint, um spätere Bottlenecks, Engpässe und Stress zu reduzieren.

Checkliste Markenkommunikation, Content, Interaktion

- ☑ Die Entscheidung zum **Markenauftritt** auf Social Media ist strategisch wichtig. Das Unternehmen muss entscheiden, ob für den Auftritt auf Social Media die gleiche oder eine andere Ansprache gewählt wird. Auf Social Media wird ebenfalls Professionalität erwartet, aber den Spielraum kannst du selbst definieren. Einige der typischen Entscheidungen: Siezen oder duzen? User Generated Content nutzen oder nicht? Wie regeln wir die Copyright-Fragen und ggf. Freigaben bei Interviews mit Dritten? Wollen wir mit anderen Unternehmen zusammen Content erstellen und wie regeln wir das? Werden wir mit Influencerinnen und externen Creatorinnen arbeiten?
- ☑ Erstellung einer **Best Practice**, also einer verbindlichen Guideline **für Content**: Welche Inhalte werde ich posten? Woher kommen diese? Welchen Accounts soll unser Account folgen? Wessen Inhalte darf ich reposten/teilen/kuratieren und wie? Welche Inhalte aus meinem Unternehmen sind tabu?
- ☑ Erstellung einer **Best Practice für Interaktion**: Wie kommuniziere ich (oder das zuständige Teammitglied, siehe oben) mit den Followern und zu welchen Zeiten?

☑ Wie gehen wir darüber hinaus mit unterschiedlichen Arten von **Anfragen** um, z. B. Kritik, Beschwerde, Lob, Frage? Wie stellen wir unsere **Brand Safety** sicher?

☑ Wann und wie werdet ihr **unternehmensintern kommunizieren**, dass es nun losgeht mit eurem neuen TikTok-, Instagram- oder YouTube-Account?

Checkliste Benchmarks und Konkurrenzbeobachtung

☑ Was sind unsere **Benchmarks** in puncto Design, Text, Video? Wer betreibt besonders effektives Community-Management? Wer hat ein hohes Engagement und warum? Die Benchmarks müssen nicht aus der eigenen Branche stammen, denn oft ist es extrem hilfreich, sich branchenübergreifend inspirieren zu lassen. Aber du kannst sie nutzen, um Inspiration zu finden und eigene Ideen zu entwickeln.

☑ Welche **Konkurrenzunternehmen** leisten auf Social Media besonders gute Arbeit? Welche Themen und Inhalte kommen an und welche nicht? Begehen sie Fehler, die du erkennst und so vielleicht direkt vermeiden kannst?

☑ **Pflege deine Liste** an Benchmarks und Konkurrenzunternehmen und stelle sie auch immer deinem Team zur Verfügung.

> **Zu guter Letzt:** Sobald alle Prozesse stehen, bleib offen, um sie ggf. zu justieren. In der Welt von Social Media ist nichts in Stein gemeißelt. **Wer sich die Flexibilität bewahren kann, kann sich auch den Erfolg bewahren.**

Die Checklisten dieses Kapitels findest du auch hier zum Download.

Profilgestaltung: Marken- vs. Plattformkonformität

Profil einrichten: Stell dein Unternehmen richtig vor

Markenimage und Plattformwelt in Einklang bringen – in diesem Kapitel lernst du, worauf du plattformunabhängig immer achten solltest.

Jetzt steht der Plan. Du weißt, welche Ziele du erreichen willst, welches Team, welche Content-Quellen und Ressourcen sowie welche Ausstattung (und wie viel Arbeitszeit) dir dafür zur Verfügung stehen.

Stehen diese Eckpfeiler, wird der Rest umso einfacher!

Nun kannst du dich also um die kreativen, spannenden und manchmal auch aufregend kniffligen Aufgaben kümmern, die das Anlegen eines Profils oder Accounts mit sich bringen. Diese Aufgaben sind:

1. dein Benutzerinnenname
2. dein Profilbild
3. dein Profiltext
4. begleitendes Bildmaterial
5. Impressum und Datenschutz
6. Links und Tags im Profil
7. „Das zu 100 % vollständige Profil“

Dein Benutzerinnenname

Der Benutzerinnenname (Accountname) ist das erste Element, über das du dir beim Anlegen eines neuen Social-Media-Accounts Gedanken machen wirst.

Ein gut gewählter Benutzerinnenname ist absolut vital; ihn gibt es auf jeder Plattform nur ein einziges Mal. Er ist Teil deiner Unternehmensadresse auf einer Plattform und oft auch Teil der URL wie z. B. instagram.com/deinname oder twitter.com/deinname.

Dein Benutzerinnenname sollte daher im Idealfall plattformübergreifend gleichbleiben. Ob Facebook, YouTube, Instagram, TikTok oder Twitch – es wirkt besser fürs Unternehmen, wenn die Namen aufeinander abgestimmt sind. Für welche Art von Kontinuität du dich am Ende entschließt, hängt von mehreren Faktoren ab.

IDEEN FÜR ABGESTIMMTE ACCOUNTNAMEN	IDEEN BEI BEREITS VERGRIFFENEN NAMEN	NEGATIV-BEISPIELE (SO BITTE NICHT)
Web: www.katzemithutmode.de	**Web:** www.katzemithutmode.de	**Web:** www.katzemithutmode.de
IG: instagram.com/katzemithut	**IG:** instagram.com/kmhmode	**IG:** instagram.com/kmh-fashion
YT: youtube.com/c/katzemithut	**YT:** youtube.com/c/kmhmode	**YT:** youtube.com/c/annaskatzemithutmode
TikTok: tiktok.com/@katzemithut	**TikTok:** tiktok.com/@kmhmode	**TikTok:** tiktok.com/@katzemithut1397

Ein weiterer Punkt, der speziell bei Instagram, Twitter usw. interessant für dich ist, ist der Unterschied zwischen Benutzerinnenname und Name.

So kann das aussehen:

Screenshot des „Deutsche Bahn Karriere“-Accounts

Sämtliche Screenshots findest du hier in Farbe zum Download.

Screenshot des „Katjes"-Accounts

Screenshot des „Rossmann"-Accounts

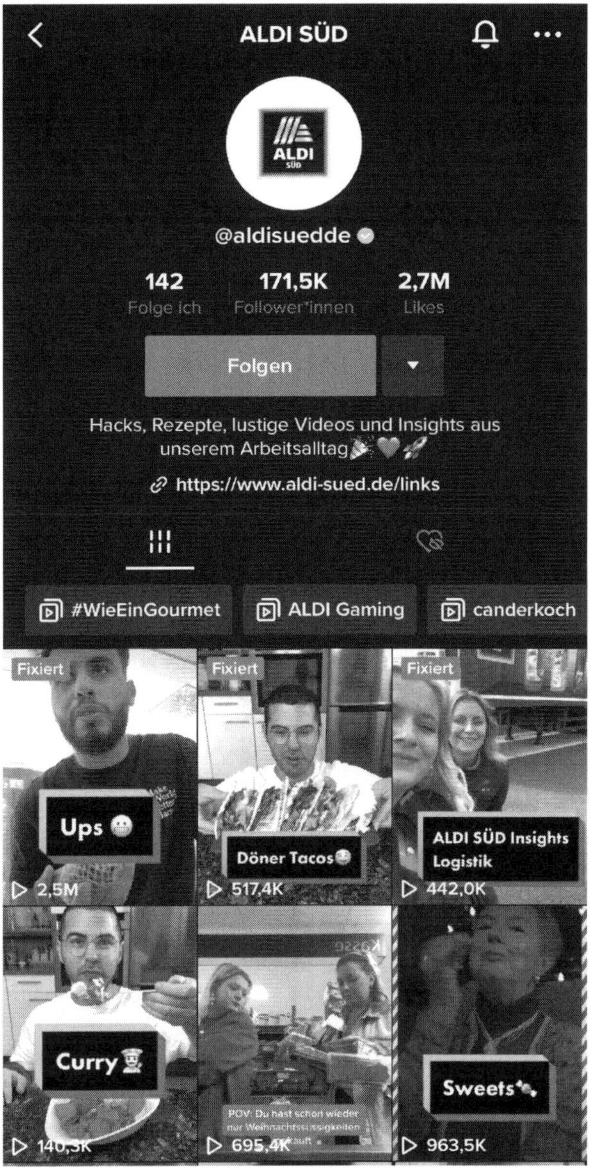

Screenshot des „Aldi Süd"-Accounts

Der Benutzerinnenname hat in der Regel mehr Begrenzungen als der Name.

Der Name ist außerdem in den meisten Fällen genauso relevant für die plattformeigene Suchoptimierung wie der Benutzerinnenname. Verschenke diese Chance nicht und wiederhole hier nicht einfach nur den Benutzerinnennamen. Hier kannst du nämlich auch die Keywords verwenden, die zu deinem Business passen.

Diese Unternehmen haben es erkannt und nutzen die Option:

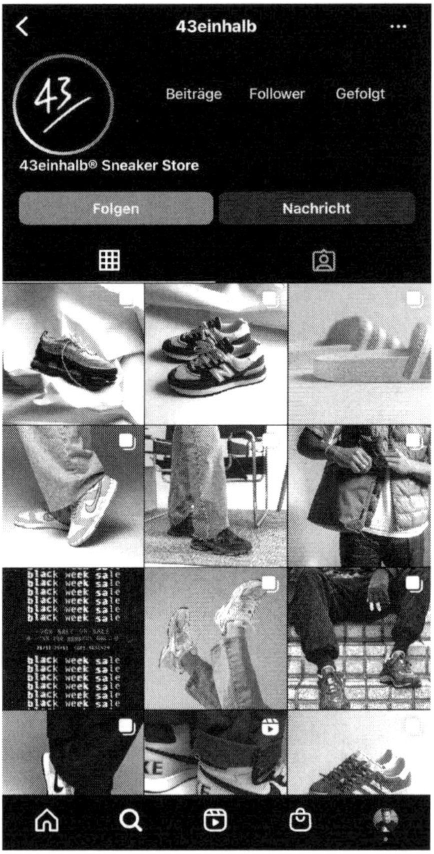

Screenshot des „43einhalb Sneaker Store“-Accounts

Screenshot des „Bastian Kunkel"-Accounts

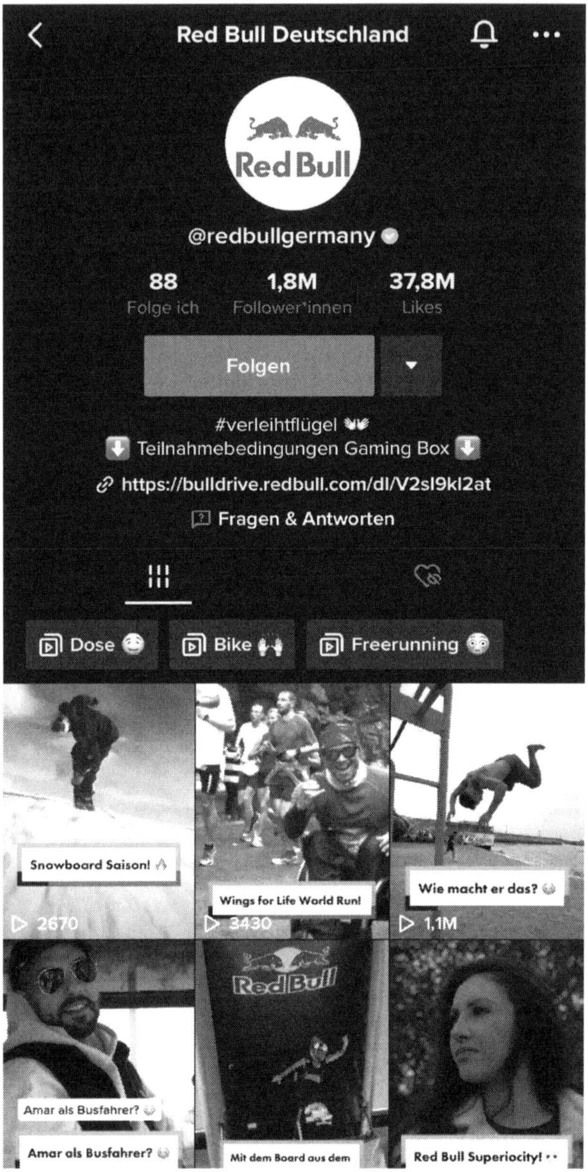

Screenshot des „Red Bull Deutschland"-Accounts

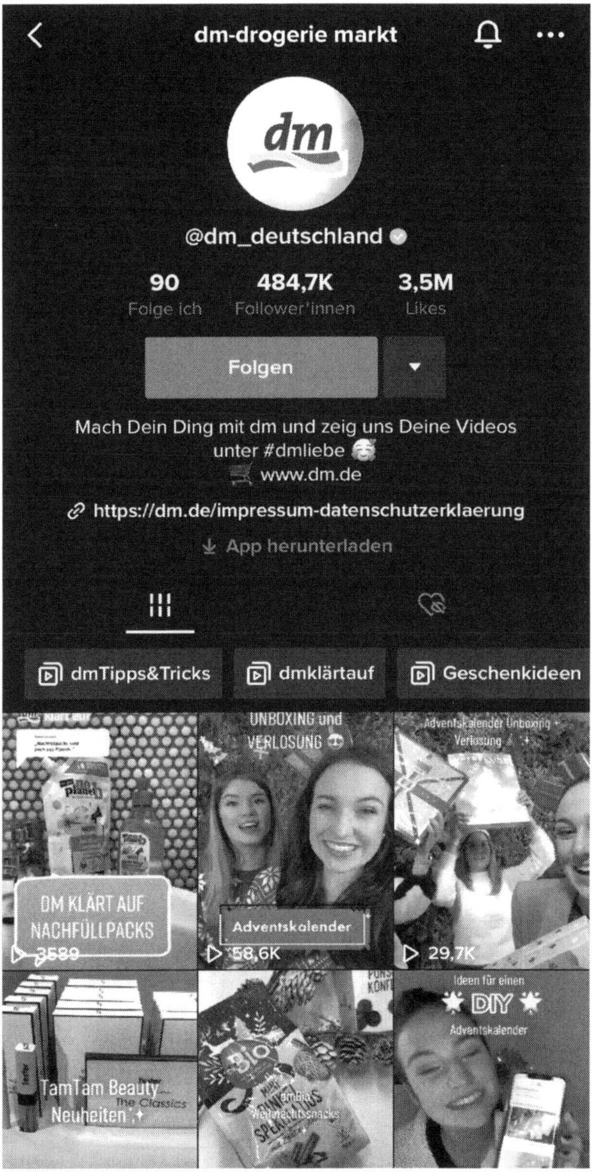

Screenshot des „dm-drogerie markt"-Accounts

Hier ergänzen suchrelevante Begriffe wie „Sneaker", „Drogerie", „Deutschland" oder der eigene, inzwischen zur Marke gewordene Name des Accountbetreibers die offiziellen Accountnamen.

Mein Pro-Tipp: Sichere dir deinen favorisierten Benutzerinnennamen bei allen Plattformen – selbst, wenn du diese (noch) nicht aktiv bespielst oder vorerst nicht zu bespielen planst. Du kannst bei einer Plattform, die du nicht nutzt, einfach nur die Basics wie das Impressum und einen Hinweis auf den Social-Media-Account hinterlegen, auf dem dein Unternehmen vorrangig unterwegs ist.

Aber Dan, was mache ich, wenn der Benutzerinnenname, den ich haben will, bereits vergriffen ist?

Eine hervorragende Frage! In diesem leicht unpraktischen Fall hast du mehrere Lösungswege.

Option 1: Du könntest das Profil, das deinen Wunschnamen hat, einfach freundlich anschreiben und fragen.

Option 2: Wenn der Profilbetreiber sich nie (oder unfreundlich) zurückmeldet, können die großen Marketing Partners (siehe auch Teil II, Kapitel 1, S. 58), also die großen Werbeagenturen, die mit den Plattformen zusammenarbeiten, oft die Namen für dich „zurückholen" – vorausgesetzt natürlich, du bist deren Kundin. Oder du greifst auf die Optionen 3 oder 4 zurück.

Option 3: Du verfügst über eine geschützte Marke? Dann kann der Benutzerinnenname unter Umständen eingeklagt werden.

Option 4: Wenn nichts davon hilft oder zutrifft, kannst du deinen Benutzerinnennamen modifizieren, indem du die Schreibweise änderst oder einen Anhang hinzuschreibst. Aber nicht einfach nur Begriffe aus der Luft greifen! Diese „Anhänge" sollten kurz sein und dabei etwas mit der Branche, der Dienstleistung oder dem Produkt deines Unternehmens zu tun haben wie z. B. xyzbeauty, xyzshowroom, xyzdesign, xyzspricht, xyzaufinsta oder xyz.com – letzteres jedoch nur, wenn die Plattform dies zulässt. Hier gilt (wie so oft im Leben): Immer aus der Not eine Tugend machen.

Etwas Inspiration aus dem Real Life:

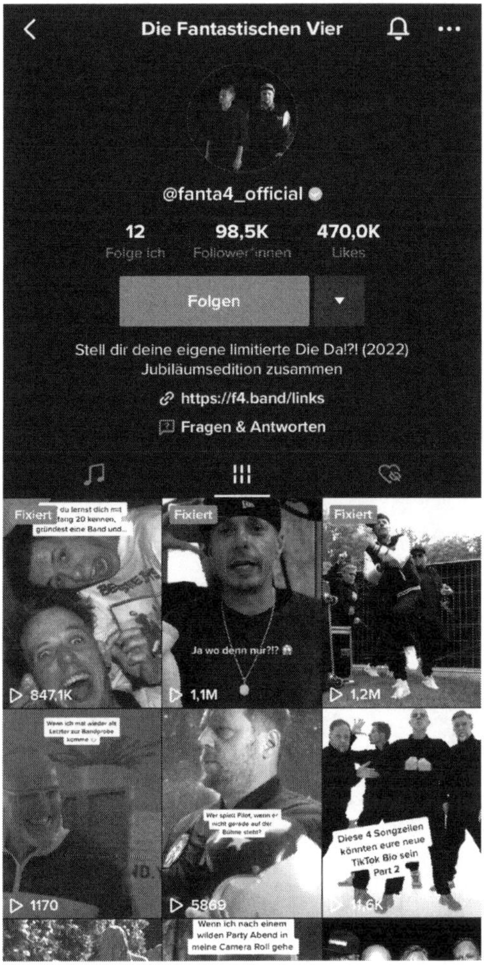

Screenshot des „Die Fantastischen Vier"-Accounts

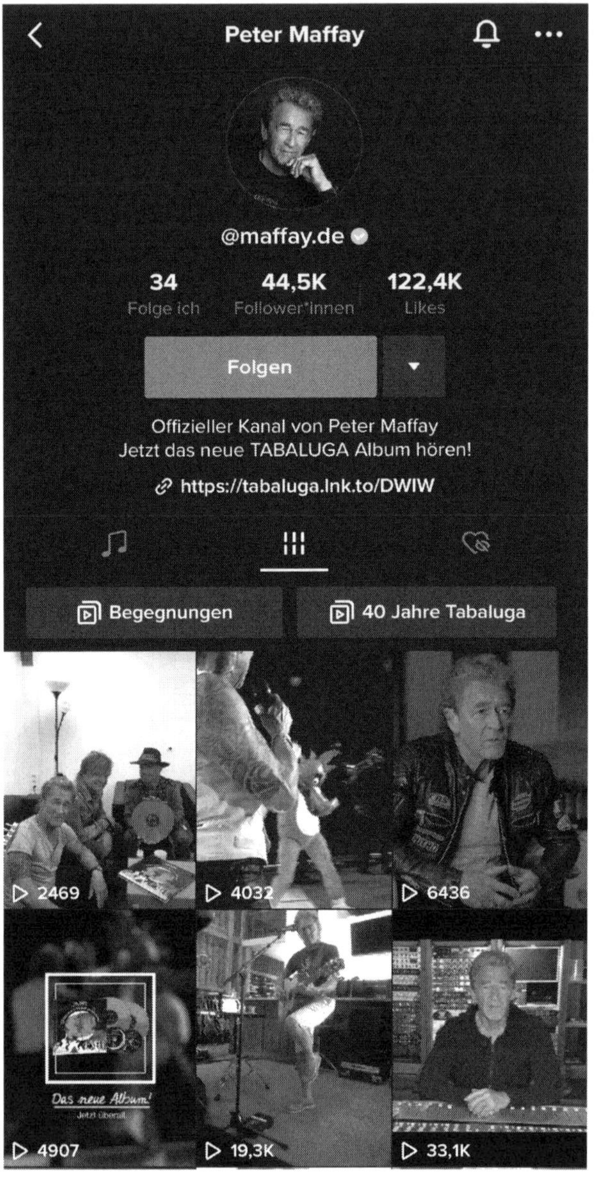

Screenshot des „Peter Maffay"-Accounts

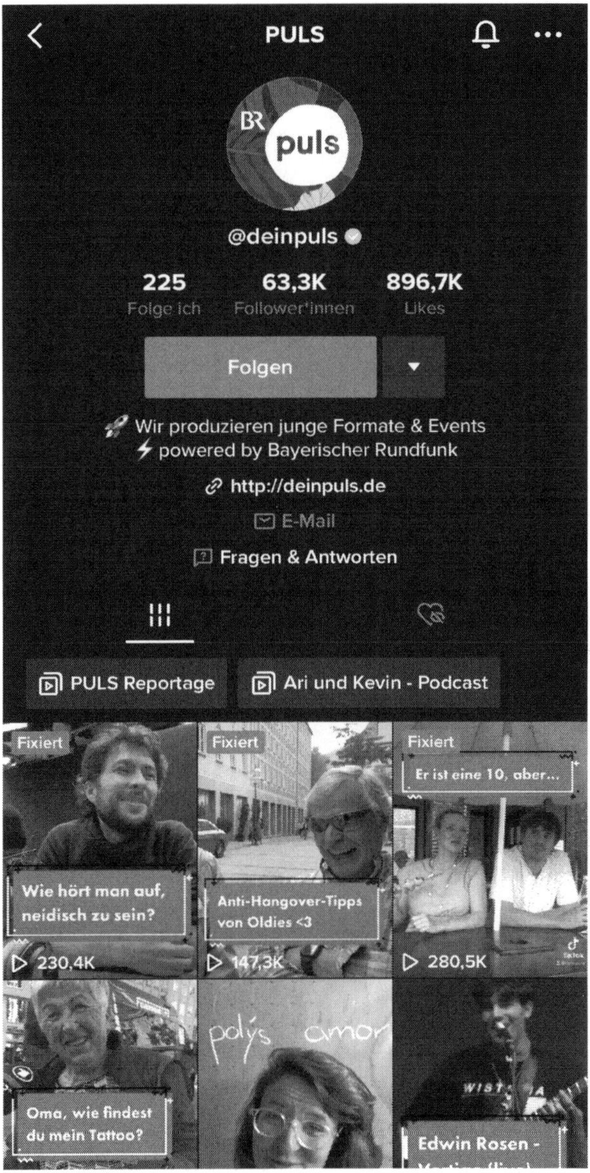

Screenshot des „PULS BR"-Accounts

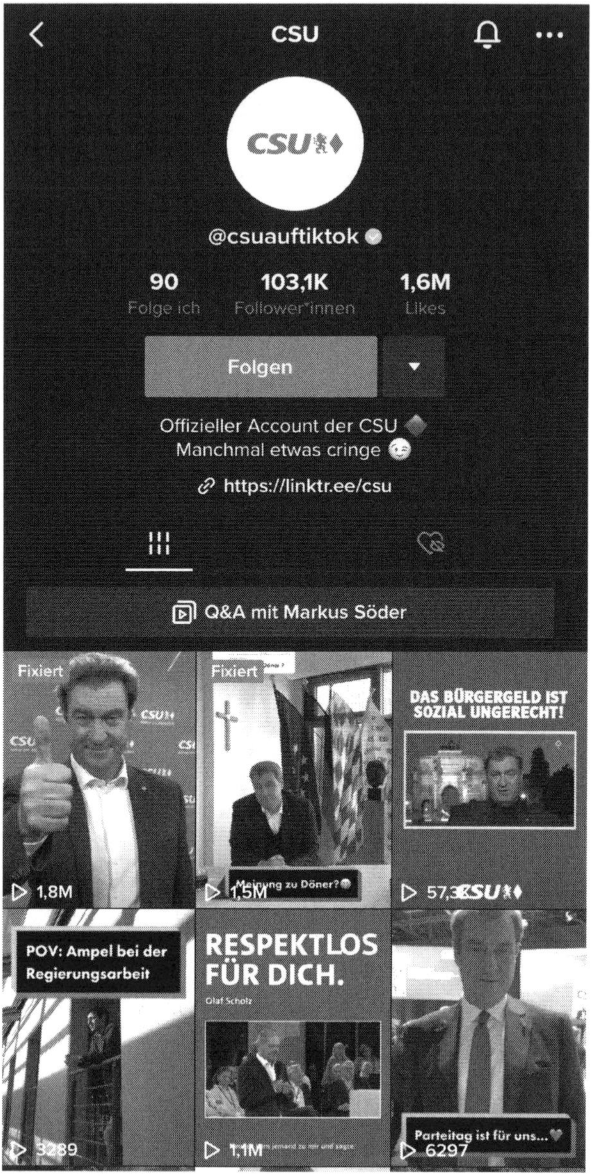

Screenshot des „CSU"-Accounts

Dein Profilbild

Dieses kleine Bildchen ist das, was innerhalb der Plattform-App oder auf der Seite (z. B. auf der Desktop-Version) zugleich deiner Marke entsprechen *und* die Zielgruppe abholen soll. Viele Unternehmen nutzen das Markenlogo als Profilbild. Das ist meistens auch die beste Lösung.

Aber Dan, ich habe gelesen, dass ein Gesicht auf dem Profilbild zu mehr Interesse bei Userinnen führt!

Das kann schon sein. Allerdings gelten hier die einfachen alten Prinzipien der *Wiedererkennbarkeit* und der *Glaubwürdigkeit*.

Mein Tipp daher: **Verwende nur dann ein Gesicht als Profilbild, wenn dieses Gesicht auf der Plattform „stattfindet“.** Insbesondere dann, wenn du als Personal Brand auftrittst, also nicht im Sinne eines Unternehmens agierst, sondern das Unternehmen *bist*, ist dein Gesicht extrem wichtig. Ein internationales Unternehmen wiederum nutzt idealerweise das eigene Logo.

Screenshot des Accounts von Kellermeister Jochen Dreissigacker

Hier nutzt der Kellermeister Jochen Dreissigacker sein Porträt als Profilbild des Unternehmensaccounts, ist aber auch als Protagonist Teil des Kanal-Contents.

Um an dieser Stelle gleich ein wichtiges technisches Thema anzusprechen: Achte bitte beim Bildmaterial fürs Profilbild darauf, dass Größe, Format und Auflösung den Anforderungen der Plattform genügen. Das wird dir entweder beim Anlegen des Profils angezeigt oder ist im FAQ-Bereich/Hilfebereich der Plattform bzw. App zu finden. So vermeidest du unschön verformte oder unscharf-pixelige Profilbilder, das absolute No-Go der sozialen Netzwerke.

Wichtig: **Die Schlüsselfunktion deines Profilbildes ist, ganz klar zu kommunizieren, welches Unternehmen sich dahinter verbirgt.** Aus diesem Grund sollte dein Profilbild auch in kleinstem Format gut erkennbar bzw. beim Logo gut lesbar sein. Verzichte im Zweifel auf Slogans, Hashtags, Adressen und Co.

Natürlich solltest du im Sinne der *Wiedererkennbarkeit* darauf achten, auf allen Plattformen ein identisches und somit wiedererkennbares Profilbild zu verwenden. Ausnahme: Die Plattformen werden sehr unterschiedlich bespielt, z. B. mit Produktbildern auf Instagram und mit Personality auf TikTok.

Dein Profiltext

Da die meisten Plattformen mit zum Teil extremen Zeichenbegrenzungen operieren, müssen sich die meisten Unternehmen als Konsequenz genau überlegen, wie sie sich darstellen.

Dein Standardtext (der Abbinder bzw. das Boilerplate) aus den Pressemitteilungen oder dein „Über uns“-Text von der Website werden für das kleine Feld, das die Social-Media-Plattform dir zur Verfügung stellt, vermutlich deutlich zu lang sein.

COOLE BEISPIELE FÜR PLATTFORMKONFORME PROFIL-TEXTE, DIE AUCH ON-BRAND SIND	SO-NICHT-BEISPIELE UNSERER FANTASIEFIRMA KATZE MIT HUT (EVTL. ÄHNLICHKEITEN MIT ECHTEN ACCOUNTS NICHT BEABSICHTIGT)
„Choo-choo!“ (TikTok Deutsche Bahn)	Gegründet im Jahr 2001, ist KatzeMitHutMode GmbH vor allem für die eigenwilligen Modekollektionen bekannt. Seit 2009 ist eine eigene Parfümkollektion dazugeko (Hier hat man einfach auf das Boilerplate zurückgegriffen, das Instagram aufgrund der Zeichenlimits nur abgeschnitten anzeigt – kein Fokus auf die Zielgruppe, für wen der Account ist, wie er hilft usw.)
Wir lieben Lebensmittel. Und gutes Essen. Davon erzählen wir euch hier. (Instagram Edeka)	Wir sind jetzt bei Instagram! (Toll – und was genau bringt das dem Publikum?)
Judgement-free zone (ASOS)	Hier ist unser Onlineshop: (Wir sind wohl alle zum Verkaufen hier, aber das ist ein wenig zu sehr „mit der Tür ins Haus“.)
Wir lieben Bayern! Nutze den Hashtag #antennebayern, wenn wir dein Bild reposten dürfen oder markiere uns. (Antenne Bayern)	Twitter der KatzeMitHut GmbH (Offensichtlich)

Es gibt genau ein Gebot zu befolgen, wenn dein Social-Media-Profil erfolgreich werden soll: Sei extrem nutzerinnenorientiert.

Wie das konkret aussieht, kann bei jeder Plattform unterschiedlich sein. Es gilt jedoch universell und natürlich für alle Elemente deines Social-Media-Auftritts vom Profilbild bis zum Content. Doch beim Profiltext – der Visitenkarte ihres Auftritts auf der Plattform – scheinen die meisten Menschen das wohl zu vergessen.

Um anderen eine Nasenlänge voraus zu sein, beantworte (vor dem Verfassen des Profiltextes) für dich selbst folgende Fragen: Was genau macht dein Unternehmen auf dieser Plattform? Was ist der konkrete Grund, aus dem jemand diesem Account unbedingt folgen möchte? Welchen Mehrwert bietet dein Profil?

In den Positivbeispielen links ist es recht elegant gelöst. Da weißt du aus dem Profiltext der Deutschen Bahn bei TikTok direkt, dass du hier in erster Linie mit Unterhaltung rechnen kannst (aber nicht mit Fahrplänen und Beschwerde-Management). Beim Radiosender Antenne Bayern hingegen erfährst du, dass du zu einer Community von Gleichgesinnten gehörst, und dass deine Inhalte bei der Nutzung des Branded Hashtags dann vermutlich auch geteilt werden.

!

Dein Profil darf je nach Plattform Links, Hashtags und Emojis enthalten. Setze diese gezielt und bewusst ein! Diese visuellen Elemente können dir helfen, deine Selbstdarstellung viel besser zu strukturieren und alles Wichtige zu platzieren, ohne dabei die Nutzerinnen zu überfrachten.

Begleitendes Bildmaterial

Je nach Plattform gehören zu den visuellen Inhalten deines Profils neben dem eigentlichen Profilbild noch Elemente wie Hintergrund/Header oder Cover (z. B. bei Podcasts).

Diese sind unbedingt als nützliche Kommunikationsflächen für deine Marken-Message zu sehen und zu nutzen!

Yaël Meier nutzt die Logos ihrer PR-Referenzen in ihrem LinkedIn-Hintergrund. Mit einem Zitat unterstreicht sie ihre Vision und nutzt ein Bild von sich in Aktion, um sich und ihre Arbeit optimal zu platzieren.

Screenshot von Yaël Meiers LinkedIn-Profil

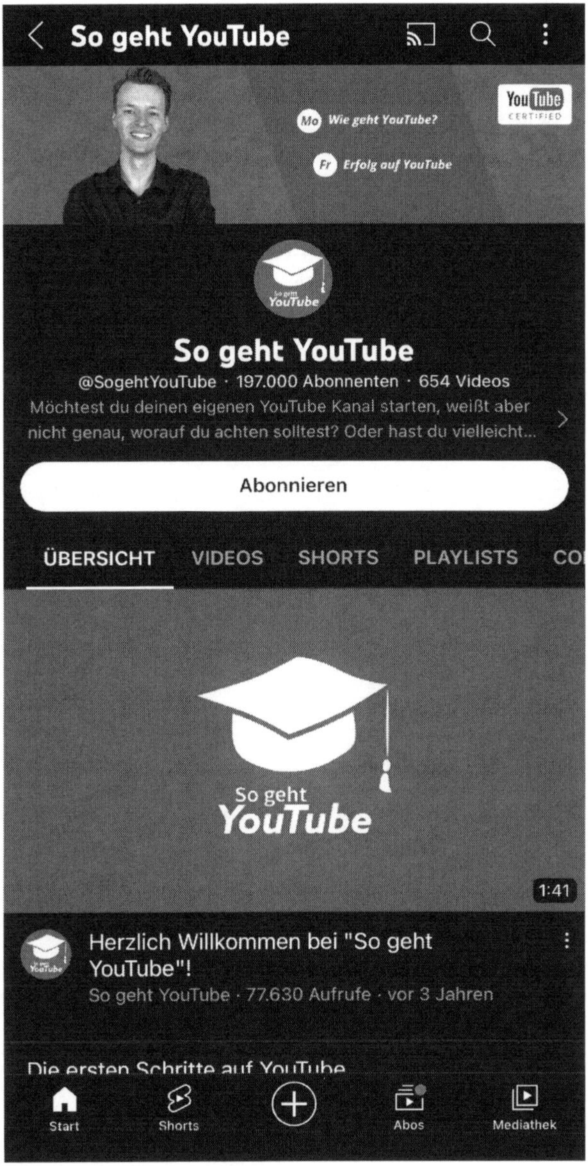

Screenshot des YouTube-Kanals „So geht YouTube“

Der Betreiber des YouTube-Kanals „So geht YouTube“ verwendet in seinem YouTube-Header neben eigenem Bildmaterial und CI-Farben auch noch das YouTube-Certified-Logo, was das Vertrauen in seine Expertise stärkt. Dazu gibt es ein klickbares Lead Magnet – durch und durch zielführend.

Zwei Dinge, die für alle Plattformen gelten:

1. Ob Vorschau- oder Hintergrundbilder, jede Plattform gibt dir **exakte Informationen zur Auflösung und den Maßen**. Diesen Vorgaben solltest du unbedingt folgen.

2. Überprüfe vor dem Veröffentlichen bitte immer, ob sich Profilbild und Hintergrund ggf. im Weg stehen – auf der Desktop-Version *und* auf der mobilen Version. Es sollte nämlich nicht passieren, dass das Profilbild einen entscheidenden Teil des Bildes dahinter verdeckt.

Impressum und Datenschutz

Je nach Plattform hast du bessere und schlechtere Optionen, die gesetzlich vorgeschriebenen Informationen wie Impressum und Datenschutz in deinem Profil anzugeben.

Wie genau du das integrierst, klärst du bitte unbedingt rechtlich beim Anlegen des Profils ab.

Mein Pro-Tipp für Accounts mit englischen Inhalten:
Das Wort „Impressum“ übersetzen viele mit „Imprint“. Das ist eigentlich schönstes Denglisch, was allerdings zumindest hierzulande gut verstanden wird. Besser wären jedoch Begriffe wie „Legal“ oder „Legal Notice“, um auf die gesetzlich vorgeschriebenen Inhalte hinzuweisen. Wie dein Unternehmen das löst, hängt von eurem Kommunikationsstil oder ggf. dem Branding-Styleguide ab. Am Ende hat das geltende Recht das Sagen.

Links und Tags im Profil

Falls im Profil der Social-Media-Plattform nur eine einzige anklickbare URL hinterlegt werden kann, nutzen Unternehmen *Linktrees* (wörtlich: „Verknüpfungsbäume“) oder andere sogenannte *Link-in-Bio*-Tools. Der Link dazu wird dann in ihren Profilen auf Social Media hinterlegt.

Was ist ein Linktree?

Unter Linktrees werden im Prinzip einfache Landing Pages verstanden, die mobiloptimiert und im Sinne der Übersicht und schnellen Ladezeit sehr minimalistisch gestaltet sind. Wie es der Name verrät, führen diese Linktrees zu weiteren Inhalten wie z. B. Firmenblog, Shop-Promo oder den auf Social Media angeteaserten Artikeln.

Solch eine Linktree-Seite kannst du inhouse aufsetzen (lassen) oder du greifst auf kostenlose Tools zurück. Bei diesen solltest du allerdings immer auf Seriosität/Datenschutz/Sicherheit achten.

Welche Link-in-Bio-Tools gibt es sonst?

Es gibt anpassbare Lösungen, mit denen du deinen Instagram-Feed als anklickbare Seite abbilden kannst – ideal für Profile, die hinter jedem Beitrag einen Link hinterlegen wollen.

Wir können über den „Link im Profil“ aka „Link in Bio“ nicht reden, ohne über den sogenannten CTA zu sprechen.

Ein CTA bzw. Call-to-Action ist in der Werbesprache ein Handlungsaufruf. Denn wenn du wirklich willst, dass jemand auf deinen Link klickt, solltest du unbedingt dazu aufrufen, den Link also *bewerben*.

Je nach Link oder Linktree, den du auf deinem Profil hinterlegst, schreibst du auch den passenden CTA. Dieser kann sich je nach Inhalt, Kampagne usw. ändern, denn wir sind hier auf Social Media: Alles ist im Fluss.

Einige der typischen Beispiele für CTA-Texte:

Zum Onlineshop

Lies unsere neuesten Beiträge ⇩

Abonniere meinen Newsletter

Jetzt anmelden!

Pro-Tipps hierzu:

1. **Denke daran** – die Intention der Nutzerinnen auf der Plattform ist im Normalfall nicht, den erstbesten Link anzuklicken.
2. **Pack nicht übertrieben viele Links in deinen Linktree**, konzentriere dich auf die wichtigsten und aktuellen/relevantesten Informationen.
3. **Achte bitte unbedingt darauf, dass der CTA und die Inhalte hinter dem Link auch wirklich matchen.** Der Handlungsaufruf „Jetzt shoppen!", der einen Link zum Impressum öffnet, sorgt *bestenfalls* für Schmunzler.

„Das zu 100 % vollständige Profil"

Das ist ein so erstaunlich simpler Tipp, dass es mich jedes Mal überrascht, wie wenige Menschen und Marken ihn nutzen. Ehrlich, nutze ihn und du bist sofort unter den Besten dabei!

Ich rede von einem ...

... vollständig ausgefüllten Profil.

Es ist eigentlich selbsterklärend: Jede Plattform gibt an, welche Informationen du hinterlegen musst und kannst. Ich rede nicht von sensiblen Daten, sondern von den Basics wie Profilbild, Infotext, Kontaktmöglichkeiten oder (bei LinkedIn) Kenntnisse und Erfahrungen.

Bei Karriere-Netzwerken wie LinkedIn wird dir derzeit sogar in Prozentzahlen angezeigt, ob dein Profil komplett ausgefüllt ist. Bei Instagram und Co. ist es etwas weniger transparent, aber auch hier gilt der Grundsatz: Alles mitnehmen, nichts verschenken. Natürlich immer mit deinen Zielen vor Augen und in der entsprechenden Markentonalität.

Aber warum ist ein zu 100 Prozent ausgefülltes Profil eigentlich wichtig?

Nun, jedes bisschen Information, das du der Plattform mitteilst, hilft der Plattform, dein Profil besser einordnen und somit auch Nutzerinnen zielgenau anbieten zu können. Damit steigt die Chance auf ein höheres Engagement und eine längere Verweildauer. Erinnere dich an diese „Währung" der Plattformen!

Bonus: Ein korrekt und vollständig im Sinne deiner Zielgruppe ausgefülltes Profil verbessert dazu noch deine Chancen, gefunden zu werden, wenn jemand proaktiv nach deinen Themen sucht.

Kapitel 2

▶ Das Herz von Social Media: die Menschen

Eigentlich könnten wir an dieser Stelle schon mit dem A und O von Social Media anfangen: dem Content. Das erwarte ich ja auch selbst von einem Buch zu diesem Thema.

Aber weil es – völlig plattformübergreifend – die Menschen sind, die auf sozialen Netzwerken unterwegs sind, schauen wir uns erst noch an, wie du dich auf eine korrekte und zielführende Kommunikation mit deiner Zielgruppe einstimmst.

Deine Community ist das Wichtigste auf Social Media.

In den folgenden drei Kapiteln geht es deshalb ausführlich darum,

- wie du deine Community aufbaust und pflegst,
- wie du mit dem Social-Media-Gold UGC richtig arbeitest und zum Schluss,
- wie du es anstellst, dass die größten Influencerinnen deiner Nische unbedingt mit deiner Brand arbeiten möchten.

Community-Management und Kundenservice

Von Community-Management bis *behind the scenes*: Social Media lebt von Interaktion

Social Media kann natürlich weit mehr, als deine Message in die Welt hinauszutragen. Mit Social Media kannst du Menschen auf eine Weise erreichen, die wahnsinnig hilfreich für sie und obendrein richtig gut für deine Reichweite, dein Image und schlussendlich für dein Business sein kann. Im zweiten Teil des Kapitels teile ich einen Power-Geheimtipp mit dir, wie du „behind the scenes" noch mehr Engagement und Mehrwert schaffst.

Wenn du Social Media richtig nutzt, so heißt es oft, kannst du alles für dein Business erreichen: Fame und Follows, Umsätze und Sales. Dabei wird überlegt, welcher Content, welche Captions, welche Kampagnen den Userinnen und den Algorithmen wohl besonders gut gefallen. Doch auch leise Töne, sozusagen unter der Oberfläche, können unglaublich wirksam sein.

Vor allem sind der Aufbau und die Pflege einer lebendigen Community enorm wichtig. Wenn du es schaffst, eine starke, aktive, sich selbst regulierende Community aufzubauen und zu halten, hast du das Social-Media-Spiel schon gewonnen. Dazu muss sie nicht einmal aus Hunderttausenden von Menschen bestehen.

Eine lebendige, gesunde Community zeichnet sich dadurch aus, dass die Menschen sich auf deinem Account engagieren, sich untereinander helfen und dir unendlich viele Einsichten in dein eigentliches Business erlauben. Hier werden Neugierige zu Interessierten, Interessierte werden zu Kundinnen und diese schließlich zu Fans und Fürsprecherinnen deiner Marke oder deines Unternehmens.

Clevere Unternehmen wissen das zu schätzen und scheuen keine Mühen, um neue Leserinnen zu finden sowie das Engagement der Community aufrechtzuerhalten. Außerdem sammeln diese Unternehmen gezielt Informationen ein, die ihnen zum Anbieten noch besserer Angebote helfen können – von Marktforschung über Produktentwicklung bis hin zum Customer Service.

Aber wie baust du nun eine starke Community auf?

Die 10 Gebote des Community-Managements

Um die Menschen anzuziehen und in deine Community-Mitglieder umzuwandeln, musst du die Absichten, die Probleme und die Interessen deiner Zielgruppe genau verstehen. Dazu gehören nicht nur reine Daten, sondern auch ein gewisser Grad an Empathie und Feingefühl – ohne wirst du schlecht einen Kontext für die Interaktionen herstellen können.

Dazu habe ich auch eine Analogie aus der „echten" Welt. Stell dir vor: Du gehst in ein Schuhgeschäft und willst ein Paar Schuhe für eine Freundin als Geschenk kaufen. Ihr habt unterschiedliche Schuhgrößen, daher bist du noch etwas unentschlossen … Aber diese silbernen Sneaker, die sehen doch gut aus. Schon hast du den für dich etwas zu großen Schuh in der Hand und überlegst.

Ein „Verkaufstalent" ohne jegliche Empathie wird dir sofort ein mieses Gefühl vermitteln. Es wird dich entweder komplett links liegen lassen und, sobald du „Guten Tag" in den Raum rufst, irgendwo im Lagerraum verschwinden. Oder es wird sofort auf dich zustürmen, dir uneingeladen erklären, dass du bei den falschen Größen stehst und dass es gerade 20 Prozent Rabatt auf Gummistiefel gibt.

What?! Wetten, dass du die Schuhe in einem anderen Laden kaufst?

Ein Verkaufsprofi hingegen wird dich freundlich begrüßen, dir – falls von dir gewünscht – Hilfe anbieten und vor allem keine voreiligen Annahmen zu deiner Intention treffen.

Kontext plus Kenntnis (sowohl des Produkts als auch der Wünsche deiner Zielgruppe) in Kombination mit Feingefühl schaffen bedeutungsvolle Connections und sind die Basis jeder erfolgreichen Kommunikation – auch mit deiner Community. Verstehe die Bedürfnisse deiner Zielgruppe, die Customer Journey deiner Kundinnen und dann wende meine nachfolgenden zehn einfachen Gebote des Community-Managements an, um dich über eine starke und lebendige Online-Gemeinschaft zu freuen.

1. Ressourcen und Verantwortlichkeiten klären
2. Monitoring und Moderation
3. Auf gute Reaktionszeiten achten
4. Persönlichkeit zeigen
5. Auf Kurs: Kommunikationsregeln und Werte
6. Community-Regeln: Höflichen Umgang unterstützen
7. Community-Management ist keine Dauerwerbesendung
8. Cross-Community: Engagiere dich in anderen Communitys
9. Lass deine Community auch offline zusammenkommen
10. Nicht allein auf die Social-Media-Plattform verlassen

1. Ressourcen und Verantwortlichkeiten klären

Das Thema der Ressourcenplanung und der „Hütchenvergabe" hatten wir in Kapitel 1 dieses Teils (*Strategie, Team, Ausstattung*, ab S. 63) schon besprochen. Beim Community-Management ist das aber besonders wichtig, da Social Media zum Teil einen ersten Touchpoint zum Customer Service deines Unternehmens darstellt.

Auch um Unstimmigkeiten im Team zu vermeiden, muss geklärt werden, *wer wie, wie schnell* und *wann* (in Bezug auf die Geschäftszeiten) auf Kommentare antwortet und das Monitoring übernimmt. Damit sorgst du für Qualität und kommst deinem Community-Ziel näher.

2. Monitoring und Moderation

Wie soeben angesprochen, muss eine Community beobachtet werden. Das sieht auch das Gesetz so und nimmt all diejenigen in die Pflicht, die Kommentare zulassen und eine Community pflegen. Es geht um Themen wie Hatespeech und Cyberbullying/Cybermobbing.

Daher muss auch die Community-Verantwortliche in deinem Team einen Überblick darüber behalten, welche Kommentare und Interaktionen in der Community stattfinden. Bei größeren Communitys lohnt sich die Anschaffung eines Social-Media-Monitoring-Tools. Schau, welcher Anbieter zu deiner Arbeit passt und dir gefällt.

Die Moderatorin kann damit nicht nur die Trends innerhalb der Community aufgreifen, Diskussionen starten und begleiten, sondern auch Probleme rechtzeitig erkennen und dann ggf. schnell eingreifen. In vielen Apps stehen Moderatorinnen zudem „hauseigene" Funktionen zur Verfügung, beispielsweise automatische Antworten (sind praktisch für die Zeit jenseits der Bürozeiten) oder Sperrwörter, die Nutzerinnen daran hindern, diese überhaupt im Chat oder in den Kommentaren zu erwähnen.

3. Auf gute Reaktionszeiten achten

Social Media ist vor allen Dingen eines: schnell. Auch die Erwartungen an die Kommunikation sind von einer ziemlich ungeduldigen Grundhaltung geprägt. Wer sich hier beschweren, unterhalten oder eine Frage stellen möchte, wird je nach Netzwerk schon innerhalb einer Stunde nervös, wenn die Antwort ausbleibt.

Diese ungeschriebenen Gesetze zu erkennen und zu befolgen, ist extrem wichtig für deine Arbeit. Manche Unternehmen oder Organisationen bespielen ihre Social-Media-Kanäle deshalb in Schichten oder geben an, wann Bürozeiten sind.

Fazit: Du musst nicht immer live da sein, aber eine Information, bis wann die Nutzerin mit einer Antwort rechnen kann, hilft schon gegen die Ungeduld.

4. Persönlichkeit zeigen

Unpersönliche Kommentare von einem Unternehmen kommen auf Social Media nicht gut an. Deshalb empfiehlt es sich, einen persönlichen Bezug herzustellen. Manche Unternehmen machen das direkt im Profiltext, dann steht dort entweder der Name der Social-Media-Verantwortlichen oder auch die Kürzel zu den entsprechenden Namen. Mit diesen Kürzeln werden dann die jeweiligen Antworten unterschrieben. Das schafft eine Verbindung mit deiner Community, denn wie immer gilt: Wir Menschen möchten mit anderen Menschen kommunizieren, nicht mit anonymen Accounts. Das Stichwort ist hier nach wie vor *social interaction* und nicht Markenkommunikation.

5. Auf Kurs: Kommunikationsregeln und Werte

Zu einem gelungenen Community-Erlebnis gehört, dass die Mitglieder wissen, was sie erwarten können: einen sicheren Ort zum Austausch und das Gefühl von Vertrauen. Um das zu gewährleisten, muss dein Team sich auf bestimmte Ausdrucks- und Verhaltensweisen einigen: Was passiert bei Fragen, Lob, Kritik? Wie und wie lange nach dem Posten bleibt dein Unternehmen aktiv dabei und ist Teil der Diskussion? Auch das deutliche Befolgen bestimmter zum Unternehmen passender Werte ist wichtig, genau wie eine einheitliche Sprache – und zwar unabhängig davon, welches Mitglied deines Teams gerade mit den Nutzerinnen kommuniziert. Nur so entsteht bei Nutzerinnen ein authentischer, gleichbleibend positiver Eindruck von deinem Unternehmen.

6. Community-Regeln: Höflichen Umgang unterstützen

Hinzu kommt die Notwendigkeit, klare „Hausregeln" aufzustellen. Diese sollten im Einklang mit deinen Unternehmenszielen und -werten stehen. Einmal die eigene „Netiquette" aufzuschreiben, lohnt sich. Der Community kannst du die Umgangsregeln mittels Linktree oder durch deine eigenen Kommentare in den Diskussionen zugänglich machen.

7. Community-Management ist keine Dauerwerbesendung

Diesen Fehler begehen nicht viele, aber dennoch möchte ich an dieser Stelle unbedingt erwähnen, was deine Community nicht ist: Sie ist kein Werbepublikum. Moderation und Kommunikation haben nicht den Verkauf zum Ziel. Ein authentischer, menschlicher, empathischer Austausch sichert dir jedoch das Vertrauen und im besten Fall die Sympathien und die Unterstützung deiner Community.

8. Cross-Community: Engagiere dich in anderen Communitys

Den Synergieeffekt einer Kooperation kannst du auch dadurch nutzen, dass du dich in den Communitys anderer Accounts aktiv zeigst. Voraussetzung: Die Community sollte deiner Zielgruppe entsprechen und du solltest bitte nicht mit dem Promoter-Hütchen auftreten, sondern gechillt und on-brand, hilfreich, freundlich, unaufdringlich.

9. Lass deine Community auch offline zusammenkommen

Digitales ist schön und gut, aber deine Online-Community kannst du auch zum Offline-Austausch einladen. Die Einsatzmöglichkeiten sind beinahe unendlich, einige Beispiele sind: Testpersonen für ein neues, noch geheimes Produkt finden, bevorzugte Behandlung bei Sale und Co. in deinem Laden, exklusive Einladung zu einem Kundinnen-Event.

10. Nicht allein auf die Social-Media-Plattform verlassen

Während dieses Buch entsteht, neigt sich das Jahr 2022 seinem Ende zu. Aber ich schätze mal ganz wild, dass der folgende Satz so lange gültig bleiben wird, wie wir soziale Netzwerke haben: **Pflege deine Liste!**

Damit ist dein E-Mail-Verteiler gemeint. Dem E-Mail-Marketing wurde so oft jegliche Relevanz abgesprochen, aber es ist heute effektiver denn je. Hole die Social-Media-Community mit in dein E-Mail-Boot und sei so gegen Facebook-Serverausfälle und ähnliche Probleme bestens gewappnet.

Der initiale Interessenkonflikt

Damit haben wir einen grundsätzlichen Konflikt auch schon im Raum, der die gesamte Interaktion von Unternehmen mit sozialen Netzwerken bestimmt. Die Plattformen nutzen nämlich

Algorithmen, die darauf ausgerichtet sind, die Verweildauer in der entsprechenden App zu verlängern. Das ist das Geschäftsmodell, mit allen Vor- und Nachteilen. Für dich bedeutet das, dass alles, was deine Zielgruppe dazu bringt, länger in der App zu bleiben, vom Algorithmus „belohnt" wird.

Du aber möchtest deine Community nicht nur auf der Plattform aufbauen. Du hast eine E-Mail-Liste, einen Shop (online oder offline), nutzt vielleicht ein Buchungstool oder einen Online-Kalender. Also hast du eher ein Interesse daran, den Traffic von Social Media in Leads und Käufe, sprich, am Ende in bare Münze umzuwandeln.

Zu dieser Ausgangslage kommt hinzu, dass die reine Verweildauer den Unternehmen hinter Facebook, Twitter, TikTok und Co. irgendwann nicht genug war.

Denn die Algorithmen können anhand des Surfverhaltens auch ermitteln, wofür sich Userinnen interessieren. Positive Signale in Bezug auf bestimmte Inhalte oder einen Account zeigen dem Algorithmus, dass hier offenbar ein Interesse oder eine höherwertige Verbindung besteht. Als Folge wird diese Userin mehr ähnliche Inhalte und/oder mehr Inhalte von diesem Account zu sehen bekommen. Das klingt nach etwas, was auch wir wollen – dass unsere Inhalte Menschen gezeigt werden, die sich dafür interessieren. Aber welche positiven Signale sind gemeint?

Je nach Plattform und je nach den aktuellen Zielen, die diese Plattform verfolgt, zählen unterschiedliche Formen von Reaktionen zu den positiven Signalen. Positive Signale sind beispielsweise Likes, Shares, Kommentare, Weiterleitungen, Reposts, Abspeichern von Beiträgen sowie Interaktionen mit Umfragen. Negative Signale können sein: Dein Inhalt wird weggeklickt, ausgeblendet, als Spam markiert oder sogar gemeldet. Wenn die Nutzerin deinen Content ablehnt, vielleicht sogar die App schließt, bedeutet das für die Plattform, dass dein Content nicht interessant, nicht relevant oder ggf. sogar nicht plattform-konform ist.

Aber Dan, ich muss die Leute doch dazu bringen, die App zu verlassen. Mein Blog, meine Website, mein Webshop sind doch da draußen.

Korrekt, das stellt ja weiterhin den oben erwähnten Interessenkonflikt dar. Nicht viele Geschäftsmodelle finden unmittelbar in einer Social-Media-App statt. Während das Geschäftsmodell des sozialen Netzwerks die Verweildauer ist, ist deins, die Leute bei der App abzuholen und zu deinem Angebot zu bringen.

Das Zauberwort heißt Privatnachricht.

Privatnachricht, Direct Message (DM), Private Message (PM) oder direkte Mitteilung: Das ist eine besondere Form der positiv gewerteten Interaktion. Dies ist der aktuell persönlichste Weg der Kommunikation auf Social Media, der darüber hinaus weitere Vorteile für dich, deinen Account und dein Business birgt.

Privatnachrichten auf Social Media: Einsatzmöglichkeiten

- ✓ Aufbau und Pflege von One-on-One-Kundenbeziehungen
- ✓ Aufbau von nachhaltiger Reichweite
- ✓ Imagepflege
- ✓ Reaktivierung stiller Followerinnen
- ✓ Kommunikation mit Influencerinnen
- ✓ Kundenservice und Beratung
- ✓ Verkauf
- ✓ Teilen von Links
- ✓ Kritik- und Krisenmanagement
- ✓ Warm-up bei Launches, Präsentationen, Auftritten

Auf keinen Fall darfst du dabei die feine Grenze zu Spam und Creepiness überschreiten.

Privatnachrichten: Nettiquette, Dos und Don'ts

Hast du schon einmal als Privatperson eine unangenehme, nicht willkommene, richtig doofe Direct Message von einem Unternehmen oder, schlimmer noch, einem dieser unsäglichen Promo-Accounts bekommen? Viele von uns, die auf Social Media aktiv sind, können ein Lied davon singen. So leiten wir da direkt die wichtigste Regel fürs Kommunizieren via Privatnachrichten ab:

Was du nicht willst, das man dir tu', das füg' auch keinem andern zu.

Aber Dan, komm mir nicht mit den Sprüchen meiner Großeltern. Ihre Lebensweisheit in allen Ehren, aber ich denke, wir reden hier übers Business?

Aber ja. Und du willst nicht, dass dein Business echt und hilfreich rüberkommt und sein Potenzial zu einer Love Brand voll entwickelt? Doch? Dachte ich mir! (Übrigens wussten auch unsere Großeltern das ein oder andere über gute Kommunikation, täusch dich da mal nicht.)

Bestimmt sagt dir der Begriff H2H-Kommunikation etwas. Seit Jahren schon wird die Ansicht vertreten, dass sämtliche Interaktionen im Business (B2B, D2C usw.)[7] und auf Social Media am Ende immer reine Mensch-zu-Mensch-Kommunikation sind. Wir Menschen sind soziale Wesen. Wir lieben es, wenn ein anderer Mensch am anderen Ende des Kabels oder Chat-Fensters sitzt. Wir hassen unpersönliche und anonyme Nachrichten.

Ich habe schon angeführt, dass der Kommunikationserfolg davon abhängig ist, ob du die Zielgruppe, das Produkt und den Kontext der Kommunikation mit Feingefühl zusammenführen kannst.

[7] B2B = **b**usiness **to** **b**usiness | D2C = **d**irect **to** **c**onsumer | H2H = **h**uman **to** **h**uman

Davon abgeleitet lautet die Formel für Kommunikationserfolge in den DMs:

Verstehen deines Publikums + Kenntnis deines Produkts + Kontext + Features der App beherrschen + Feingefühl

Als neues Element kommt das souveräne Beherrschen aller Tools der Social-Media-App hinzu. Warum? Weil du nur so sicher und schnell kommunizieren UND den ersehnten Boah!-Effekt herbeiführen kannst.

Sehen wir uns zunächst die Don'ts an, denn Direktnachrichten sind schon ein sehr persönliches Terrain. Du willst die Empfängerin der Nachricht nicht überrumpeln, sondern dich von deiner absoluten Schokoladenseite zeigen: hilfreich, freundlich, unaufdringlich!

Privatnachrichten in Social Media: SO NICHT!

- ✘ automatische Nachrichten à la „Danke fürs Folgen!"
- ✘ mit Tipps und Hilfe ins virtuelle Haus fallen, wenn nicht danach gefragt wurde
- ✘ mit Links, Discountcodes, Angeboten und Co. volltexten (Es sei denn, deine Community ist genau wegen dieser Angebote zusammengekommen.)
- ✘ anonym auftreten
- ✘ Sprachnachrichten direkt beim Erstkontakt reindiktieren (Später sehr gern!)
- ✘ aus der Rolle fallen – die DMs sollten zur Marke und Situation passen
- ✘ Copy-and-Paste-Nachrichten
- ✘ Simuliertes Interesse oder, noch schlimmer, unterstelltes Interesse, das nicht vorhanden ist. Kurz gesagt: Erfinde keinen Kontext, wo keiner ist. Absolute No-Gos sind unpersönliche Messages wie „Wir haben uns deine Posts angesehen", „Wir haben deinen Account mit Interesse angeschaut" oder „Wir glauben, unser Produkt ist genau richtig für dich und deine Leserinnen".

Denke immer daran:

- ✓ Du möchtest deine Followerinnen **positiv überraschen**.
- ✓ Du möchtest eine **relevante Mitteilung** machen, nicht einfach nur „Hallo“ reinrufen.
- ✓ Du möchtest einen echten **Mehrwert anbieten** oder der Person weiterhelfen.

Ansonsten lass die DM (vorerst) einfach sein.

Eigentlich würde ich sogar einen Schritt weitergehen und behaupten: **Du willst einen BOAH!-Effekt erzielen**, nicht nur eine „Wow“-Reaktion auslösen, auf keinen Fall ein „Hä?“ und schon gar nicht ein „Was zum...?“. Du willst erreichen, dass die Empfängerin die Message öffnet, bei den ersten Zeilen (oder Sekunden des Videos) zu grinsen beginnt und am Ende nur noch denken kann: „Boah. Wahnsinn. Das war ja cool.“ Wie schaffst du das?

Privatnachrichten in Social Media: BITTE GENAU SO!

- ✓ Nutze die DM, um auf Kommentare der Nutzerinnen individuell zu reagieren, z. B., wenn jemand unter einem Insta-Post eine Produktfrage stellt. Schreib in die Kommentare unbedingt dazu, dass du der Person eine Direktnachricht geschickt hast, damit andere Leserinnen nicht denken, auf Fragen würde nicht geantwortet.
- ✓ Überlege, ob so eine Nachricht per Video sinnvoll ist. Vielleicht hat jemand eine Frage geäußert oder eine Meinung, auf die du am besten mit einer freundlichen Videonachricht reagieren kannst. Diese sollte hilfreich und kurz sein!
- ✓ Du bist kein Video-Fan? Auch ein einfaches Boomerang-Video bei Instagram kann Wunder wirken. Aber bitte: Keine Sprachnachrichten, es sei denn, die Unterhaltung geht schon eine Weile und eine Sprachnachricht passt.

- ✓ Gehe mit Feingefühl vor. So, als würdest du die Person, die du anschreibst, „in echt" mit einer Hilfestellung ansprechen – das bedeutet auch, dass der Kontext und der Zeitpunkt stimmen müssen.
- ✓ Stell dich immer vor und unterzeichne zumindest die erste Nachricht mit deinem Namen. Ob nur mit Vornamen, vollständigem Namen oder zusätzlich noch mit der Position im Unternehmen unterzeichnet wird, legst du mit deinem Team am Anfang fest.

Wie könnten deine DMs denn im konkreten Fall aussehen?

An eine Influencerin per Video unter zehn Sekunden:

„Hi, ich bin Lena und ich mache Social Media für BerlinerSport-Socken. Ich hab ein Budget für Hobbyathletinnen wie dich. Wenn du Lust auf eine Zusammenarbeit hast, lass uns gerne sprechen, meine Kontakte schicke ich mit. Hab einen tollen Tag!"

An eine Kundin, die einen Post kommentiert hat, per Textnachricht:

„Hi, Andrea von BerlinerSportSocken hier. Du hast in unserem Post zum Thema Passform eine Frage gestellt. Ich schicke dir anbei einen Link zu weiterführenden Infos. Wenn du mehr Fragen hast, schick mir gern eine DM. Viele Grüße, Andrea von Sport-Socken."

Du merkst schon, es läuft in den DMs ab wie bei einer echten Unterhaltung. Der Mensch, den du kontaktierst, hat auf dem einen oder anderen Weg eine Offenheit gegenüber einer Kontaktaufnahme signalisiert. Er hat vielleicht einen Hinweis in seinem Profil („Kooperationen per DM" – Wenn da „per E-Mail" steht, bitte unbedingt daran halten!) oder hat dir auf deinem Profil einen Kommentar hinterlassen.

Auch bei den Privatnachrichten ist es deshalb unerlässlich, deine Zielgruppe und die Individuen einfach mal bewusst wahrzunehmen, ihre Probleme und Überzeugungen zu verstehen, ihnen wirklichen Mehrwert zu bieten.

Aber Dan, come on, und wenn die Person sich nur umschaut, Likes verteilt und nie was sagt?

Wenn sich gar keine Möglichkeit ergibt, wie du eine Unterhaltung eröffnen kannst, eröffnest du keine Unterhaltung. Zeig dich offen und freundlich und warte einfach ab.

Aber hier kommt noch mein **Pro-Tipp speziell für Instagram**: Du kannst ein positives Signal senden und oft auch ein Gespräch eröffnen, indem du auf die Stories der Userinnen reagierst. Auch dann landest du ganz automatisch in ihren DMs, ohne eine Nachricht geschickt zu haben. Da reicht oft ein passendes Emoji oder Like – erst recht, wenn sie dich positiv in der Story erwähnen! Gut zu wissen, oder?

Deshalb gehört es zu einer guten Kommunikation und zum Community-Aufbau unbedingt dazu, die App zu 100 Prozent zu beherrschen. Die Features werden sich immer wieder ändern und du musst up to date bleiben.

Wenn's läuft, läuft's: Vierstellige Reichweite mit nur 10 Nachrichten

Jetzt, wo du ein Gefühl für einen soliden Community-Aufbau und für den Trick mit cleveren Direktnachrichten bekommen hast, will ich dir einen vielleicht etwas überraschenden Gedanken zum Thema *Community und Reichweite* mit auf den Weg geben.

Frage: Du musst mehr Traffic für dein Social-Media-Profil generieren. Du kannst entweder (A) einen Beitrag verfassen, den am Ende ein paar Hundert Menschen sehen – je nach Algorithmus und je nach Following vielleicht einige Tausend.

Oder du kannst (B) genau zehn persönliche, relevante Direktnachrichten schreiben, die echten Mehrwert bieten.

Was machst du also, wenn du Reichweite willst? A oder B?

Gut, der Zwischentitel hat dir die Antwort schon verraten: Natürlich schreibst du zehn Nachrichten. Es ist ein Zusammenspiel aus Content und Beziehungsaufbau – du schreibst einen Beitrag *und* interagierst mit den Menschen in deiner Community.

Der Gedanke dahinter ist simpel: Menschen lieben persönliche, relevante, hilfreiche Nachrichten. Sie fühlen sich gern verstanden, gehört, gesehen. Ein cooler Post auf Social Media kann das zu einem gewissen Grad auch, klar. Aber lange nicht jedes Unternehmen kann viralen Content kreieren, der zudem auch noch das Business voranbringt. Wenn, sagen wir, 1.000 Menschen deinen Post sehen, reagiert nur ein Bruchteil davon in deinem Sinne.

Wenn du aber zehn richtig coole, richtig hilfreiche und wirklich wertvolle Nachrichten versendest, die deine Adressatinnen abholen und bewegen, kannst du damit rechnen, dass diese Menschen zu echten Fans deiner Marke werden können. Als Fans deiner Marke haben sie die Hoheit über den wichtigsten Kanal aller Social Media: **die persönliche Empfehlung**.

Ob diese offline oder als Post auf Instagram geschieht, als 5 Sterne bei Google veröffentlicht wird oder als positive Review auf Amazon steht: **Deine nette Antwort von heute ist vielleicht deine gute Bewertung von morgen.**

Die Privatnachricht ist sicherlich *kein Allheilmittel* für mehr Likes, Followers oder Sales.

Aber sie ist ein unglaublich wertvolles Tool für eine authentische Beziehungspflege und für eine erfolgreiche direkte Kommunikation.

Video: unschlagbar in Bezug auf persönliche Kommunikation

Wer mich kennt, weiß: Video ist mein Lieblingsformat.

Video bietet dir die besten Chancen, dich authentisch zu zeigen. Dein Gegenüber kann alles abchecken und bekommt das Gefühl, es trotz der zeitlichen und räumlichen Trennung mit einem echten Menschen zu tun zu haben.

Dabei nutze ich Video längst nicht nur im Bereich der Content Creation. Auch in meine Direktnachrichten haben Videomessages längst Einzug gehalten. Und das nicht nur bei den klassischen Social Media. Sogar bei Business-Netzwerken wie LinkedIn kann eine kurze Videomessage extrem gut ankommen. Weißt du, warum? Weil auch heute noch kaum jemand damit rechnet. Weiter oben sprach ich von der Überraschung und dem Boah!-Effekt. Eine ganz persönliche, durchdachte, inhaltlich und zeitlich passende Videonachricht überrascht tatsächlich immer noch. Selbst im Jahr 2022 und vermutlich noch für einige Jahre mehr.

Ich weiß, *ich weiß*. Für viele ist schon telefonieren unangenehm, geschweige denn vor eine Kamera zu treten! Aber du und deine Marke, ihr seid nicht mit dem Ziel zu Social Media gekommen, Spaß zu haben. Ihr befindet euch dort mit der Intention, eine Community aufzubauen, ein Produkt zu verkaufen, euer Geschäftsmodell zu unterstützen. Diese Intention wird von der Videobotschaft am besten getragen, denn ein Video hat alles, was eine Text- oder Sprachnachricht nicht hat – es wirkt absolut lebensecht.

Es kann auch schiefgehen: Privatnachrichten helfen bei Krisen

Manche Social-Media-Verantwortliche scheuen sich vor so direkter Kommunikation wie der per DM. Schließlich ist sie wirklich *persönlich* Wer hier etwas sehr falsch macht, kann heute durchaus mit einem Shitstorm rechnen. Es ist sehr wichtig, immer im Hinterkopf zu behalten, dass sie zwar Privatnachrichten heißen, aber nicht privat im Sinne des Inhalts sind. „Privat" bezieht sich hier vorrangig auf die Art der Distribution.

Außerdem möchte ich betonen: Ob du über Privatnachrichten kommunizierst oder nicht, die Chancen und Risiken sind immer gleich. Der Shitstorm kann dich auch ohne DM ereilen. Wie Social Media auch sind Privat- oder Direktnachrichten nur ein Tool unter vielen. Du kannst entscheiden, wie und ob du dieses Tool anwendest.

Fest steht, du kannst per DM oft eine Krise abfangen oder gar verhindern. Ein wütender Kommentar, der unbeantwortet schnell aus dem Ruder laufen kann, könnte über eine zeitige DM entschärft werden. Vielleicht reicht eine Entschuldigung aus, vielleicht ist eine Klarstellung und Erklärung nötig. Und ja, manchmal ist die Provokation gewollt und nichts wird helfen. Aber es ist wichtig, dass du die Direktnachrichten als Tools verstehst und, wenn nötig, einsetzen kannst. Es versteht sich von selbst, dass du immer freundlich und professionell bleibst – niemand redet davon, sich anzubiedern, und schon gar nicht davon, ausfallend zu werden.

FAQ: Communitybildung

Was ist, wenn ich keine Zeit für eine Moderation habe? Kann ich eine Agentur beauftragen?

Ich könnte hier eine sehr ausführliche Antwort geben, aber ich mach's lieber kurz: Es kommt darauf an.

Eine Agentur so präzise zu briefen, dass sie schnell und korrekt auf Fragen, Kritik oder Kommentare reagieren kann, ist wirklich eine Kunst für sich. Auch Trainees, die nur vorübergehend im Unternehmen sind, eignen sich nicht gut für die Aufgabe.

Siehe Erfolgsformel **Kenntnis der Zielgruppe + deines Produkts + Kontext + Features der App + eine Dosis Feingefühl**. Die verantwortliche Person, ob intern oder extern, muss alle Elemente dieser Formel beherrschen. Andernfalls sind Schieflagen vollkommen unvermeidlich. Deine Community ist viel zu wichtig, um sie in die Hände Dritter zu legen.

Wenn es aus ressourcentechnischen Gründen wirklich nicht geht? Dann stell sicher, dass die Agentur allen nötigen Support deines Unternehmens bekommt, um in deinem Sinne optimal (re)agieren zu können.

Wieso muss ich die Kommentare und DMs mit meinem Namen unterschreiben?

Auf Social Media ist eine direkte Art der Kommunikation die Norm, sprich, du unterhältst dich als Person mit einer anderen Person, selbst als Vertreterin eines Unternehmens – eigentlich sogar gerade als Vertreterin eines Unternehmens. Sich sichtbar mit Vornamen vorzustellen, gehört einfach zum guten Ton, online wie offline.

Aber es geht nicht darum, jede DM und jeden Kommentar in einem Thread erneut zu „unterschreiben". Kommuniziere ganz natürlich.

Alle reden von Automation, du sagst aber, ich solle auf automatisierte Nachrichten verzichten. Warum denn?

Wie schon gesagt, Kommentare und DMs sind persönlich. Eine unpersönliche Promo-Nachricht zu entdecken, ist für die Empfängerin in etwa so spannend, wie zum Valentinstag aus einem hübschen Umschlag ein Massenanschreiben ihrer Apotheke herauszuholen.

Social Media bietet dir die Chance, persönlich von Mensch zu Mensch zu kommunizieren. Alle reden vom Mehrwert, und genau das ist es: Deine Nachrichten sollen einen Wert für die Adressatin haben.

Und was hat einen Wert? – Etwas, das ich brauche.

Wann? – Dann, wenn ich es brauche.

Doch eine Ausnahme in Sachen Automatisierung gibt es doch: Du kannst mittels sogenannter Shortcuts vorgefertigte Messages auf deinem Smartphone abspeichern. Auch Instagram bietet diese Funktion inzwischen innerhalb der App an. So sparst du es dir, lange Textblöcke, die sich wiederholen, jedes Mal von Neuem zu tippen. Dazu gehören beispielsweise Bestellabläufe, Öffnungszeiten, Umtauschregeln und dergleichen. Im echten Leben werden diese Informationen ja meistens auch nur einmal oder an bestimmten Stellen festgehalten und präsentiert und müssen nicht bei jeder Kommunikation neu geschrieben werden.

Arbeitsblatt zum Kapitel

Diese Fragen kannst du dir stellen, wenn du deine Community aufbauen willst:

Kannst du das ideale Community-Mitglied beschreiben?

Welche Fragen, die es hat, kannst du beantworten? Welche Hoffnungen kannst du erfüllen? Welche Zweifel auflösen?

Bei welchen Interaktionen mit deinen Kundinnen hätten DMs den größten Boah!-Effekt?

Welche andere Art der Kommunikation könnte DMs richtig cool und für alle angenehm ersetzen?

Welche DM habe ich privat bekommen, die mich total begeistert hat? Welche war mega creepy und unangenehm? Was kann ich daraus für mich ableiten?

UGC – der andere Content

„Lass die Leute reden“

UGC ist, wenn die Menschen etwas über dein Unternehmen zu sagen haben, im Idealfall Gutes. Das ist genau die Art Content, die in der Social-Media-Welt Gold wert ist.

Eines vorab: Es gibt inzwischen die kommerzielle Option, Kundinnenstimmen als Dienstleistung einzukaufen. Dies besprechen wir hier ausdrücklich nicht. In diesem Kapitel geht es um echten, wahren UGC – so wie es in diesem Buch nur um echte Arbeit und keine „Zauberpillen“ geht.

Also was ist denn nun **User Generated Content**? UGC bezeichnet im Online-Marketing, zu dem auch Social-Media-Marketing gehört, die Inhalte, die von Benutzerinnen der Online-Plattformen auf eigenen Wunsch hin bzw. aus eigenem Antrieb heraus generiert und veröffentlicht werden. Eine Review bei Google, ein Erfahrungsbericht auf Instagram oder ein Tutorial auf TikTok können alle UGC sein, wenn – und das grenzt es von anderen Content-Typen ab – die Inhalte ohne Auftrag und ohne jegliche Form von Bezahlung entstehen.

Natürlich können Unternehmen UGC fördern, indem sie Kundinnen und Userinnen zum Kommentieren und Bewerten animieren. Rechtlich gesehen gibt es durchaus Grauzonen, weshalb auch hier wieder aktueller Rat deines Legal Teams notwendig sein wird. Aber zurück zum Thema!

Die Vorteile von UGC liegen auf der Hand:

- UGC ist kostenlos.
- UGC schafft organische Reichweite.
- UGC stärkt deinen „Social Proof“-Faktor und das Vertrauen in dein Unternehmen.

Um den User Generated Content anzuregen, können Unternehmen unterschiedliche Maßnahmen ergreifen. Sie können es den Nutzerinnen leicht machen, einen Grund zum Teilen von Meinungen und Co. zu finden. Das kann auf unterhaltsame oder hilfreiche Art und Weise gestaltet werden. Beispiele gefällig? Gern!

Nicht ohne Grund schrieben die Baristas bei Starbucks deinen *sehr* einfachen Namen früher *sehr* falsch auf den Becher – denn der lustige Fail war schnell auf Twitter oder in Stories zu finden und du konntest mit begeisterten bis ungläubigen Reaktionen rechnen.

Ein anderes Beispiel wäre der Aufzug im *25hours*-Hotel *The Circle* in Köln. Hier hat man die Wände und Decke besonders „instagramable“, also extrem fototauglich gestaltet – schon ging die Location auf Instagram viral (siehe übernächste Seite).

Auch direkte Aufrufe können dazu führen, dass Nutzerinnen ihre Erfahrungen mit deinen Produkten auf Social Media teilen möchten. So kannst du zum Teilen unter Nutzung eines bestimmten Hashtags einladen und im Gegenzug eine Veröffentlichung auf deinem Account anbieten. Für viele Menschen ist das sehr attraktiv. Auch hier ist es unerlässlich, das Teilen vorher rechtlich abzuklären.

Da der UGC Kommentare, Reviews, Erfahrungsberichte und Co. umfassen kann, kannst du ihn auch zu einem festen Bestandteil deines Content-Kalenders machen.

Zum Schluss noch einige extrem wichtige Hinweise, um ohne Probleme von UGC zu profitieren und in kein rechtliches, ethisches und sonst wie imageschädigendes Fettnäpfchen zu treten:

- **!** Vergiss niemals, dass der UGC den jeweiligen Urheberinnen gehört und du ihn nicht ohne Weiteres werblich oder kommerziell nutzen darfst. Schon gar nicht darf der UGC (jeglicher UGC: Texte, Bilder, Videos) ohne Nennung der Urheberin als „dein" Content veröffentlicht werden.
- **!** Vergiss nicht, die UGC-Handhabung fest in euren Prozessen zu definieren und dir ggf. rechtlichen Rat einzuholen, damit du nicht einmal aus Versehen wie ein *content thief* dastehst.
- **!** Nutze den UGC niemals ungefragt, um Shop-Links darauf zu setzen. Es scheint verlockend, gerade die sehr gut gelungenen Bilder oder Videos zu teilen und direkt den Link zum Shop ins Bild zu setzen, aber das solltest du tunlichst lassen. Denn als kommerzielle Nutzung gilt oft schon das reine Teilen auf deinem – kommerziellen – Account. Manche Unternehmen nutzen daher eigens für den UGC aufgesetzte Einverständniserklärungen oder kaufen den Urheberinnen die besonders hochwertigen Inhalte für Kampagnen ab.
- **!** Verstoße nicht gegen DSGVO und geltendes Recht, wenn du Kommentare, Meinungen oder auch Kritik von Userinnen veröffentlichst.

Screenshot des Accounts „25hours Hotel The Circle“

Diesen Screenshot findest du hier in Farbe zum Download.

Arbeitsblatt zum Kapitel

Welche Geschäftsbereiche können von UGC besonders profitieren?

- ❑ Kundenservice
- ❑ Verkauf und Vertrieb
- ❑ Marketing und PR
- ❑ Personalwesen

Was genau kann UGC für diese Bereiche innerhalb deines Unternehmens leisten?

Welche Motivation bzw. welche Incentives haben deine Kundinnen (Userinnen) derzeit, über dein Unternehmen zu schreiben, deine Produkte zu reviewen oder visuellen Content mit deinen Produkten zu kreieren?

Welche Incentives würden den UGC anregen?

Influencerinnen-Marketing

Die bekannten Stimmen richtig nutzen

In diesem Kapitel sehen wir uns an, welche Arten von Influencerinnen es gibt und welche Kooperationsmöglichkeiten dir dabei (plattformunabhängig) zur Verfügung stehen.

Influencerinnen-Marketing ist ein wichtiger Bestandteil in einem zeitgemäßen Marketing-Mix. Die Arbeit mit Influencerinnen bedeutet für Marken und Unternehmen im Optimalfall einen authentischen, streuverlustarmen Zugang zu einer begehrten Zielgruppe, passenden Content und dazu ggf. geringere Kosten als bei klassischen Marketingmaßnahmen.

Wer aber ist eine Influencerin und wie definiert sich eigentlich Influencerinnen-Marketing?

2 Definitionen + 3 Elemente von Einfluss

Definition Influencer

Das Wort *influencer* kommt aus dem Englischen und bedeutet auf Deutsch ziemlich genau „Einflussnehmer(in)". Inzwischen ist das englische Wort auch im deutschen Sprachgebrauch etabliert. Ein *Influencer* teilt Content auf einer oder mehreren Plattformen mit einem nennenswerten, engagierten, aktiven Publikum und beherrscht diese Plattform(en) auf einem sehr hohen Level. Die hohe Reichweite unterscheidet eine Influencerin von den sogenannten *Content Creators* (englische Bezeichnung für Menschen, die haupt- oder nebenberuflich Content produzieren).

Der Begriff Influencer hat sich international etabliert, ich verwende ab hier allerdings weiterhin das generische Femininum und spreche von Influencerinnen.

Zu Influencerinnen können gehören:

- Creatorinnen auf Social Media (großgeworden auf den Plattformen TikTok, Instagram, YouTube)
- klassische Bloggerinnen
- alle Social-Media-Nutzerinnen mit einem angemessen engagierten Following
- Special-Interest-Accounts, Meme-Seiten, Foren etc.
- Unternehmen oder Brands mit einer aktiven Community
- Journalistinnen, Redakteurinnen, Autorinnen
- Prominente, Schauspielerinnen, Moderatorinnen usw.
- Politikerinnen, Unternehmerinnen, Key-Opinion-Leaderinnen, Expertinnen
- Markenfans und Bestandskundinnen mit einer öffentlichen Präsenz auf Social Media o. Ä.
- Mikro- und Nano-Influencerinnen mit geringem Following, aber hohem Engagement
- virtuelle Influencerinnen, NFTs

Wenn man die unterschiedlichen Influencerinnen in nur zwei Kategorien einteilen würde, könnte man auch sagen, es gibt solche, die mit oder auf einer Plattform bekannt geworden sind, und solche, die als etablierte Expertinnen die Plattform zum zusätzlichen Ausspielen ihres Contents nutzen.

Sämtliche Screenshots findest du hier in Farbe zum Download.

Screenshot von Justin Fuchs‘ YouTube-Kanal.

Justin Fuchs ist ein Fashion Creator, der auf YouTube bekannt wurde.

Screenshot von Pamela Reifs Instagram-Account. Pamela Reif stieg als Fitness-Influencerin auf Instagram zu einer bekannten Größe auf.

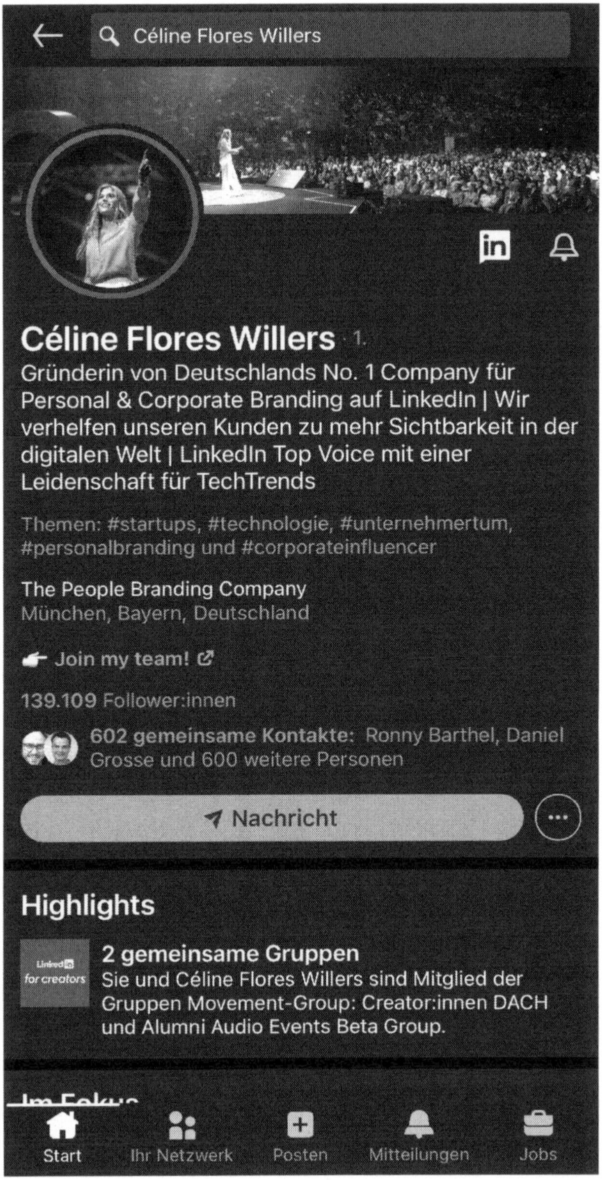

Screenshot von Céline Flores Willers LinkedIn-Profil. Sie ist eine Business-Influencerin, die auf LinkedIn bekannt wurde.

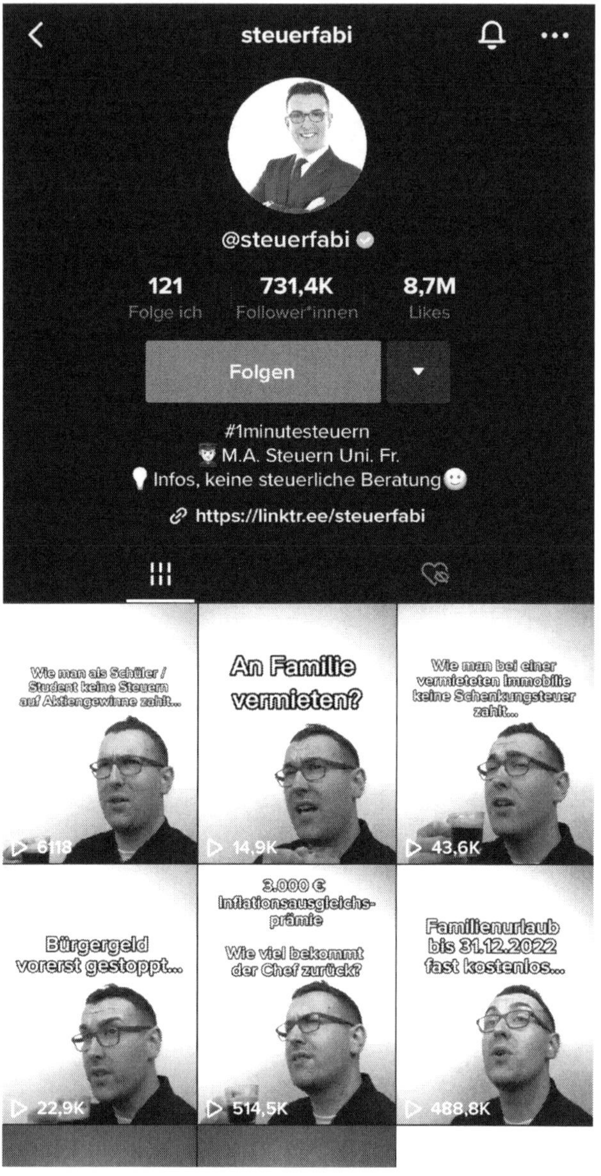

Screenshot von Fabian Walters TikTok-Account. Er ist als Steuerexperte auf TikTok bekannt geworden.

Screenshot des „Expertise – @herranwalt“-Instagram-Accounts. Der Name ist Programm: Der Rechtsanwalt kam auf TikTok groß raus.

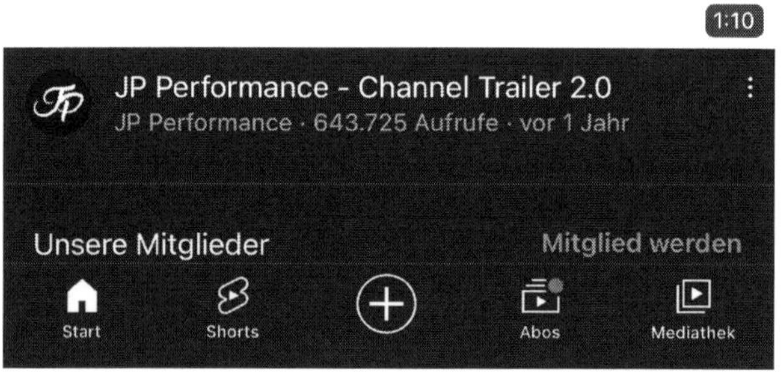

Screenshot des „JP Performance"-YouTube-Kanals. Der TV-Promi verdankt auch der Plattform YouTube seinen Erfolg.

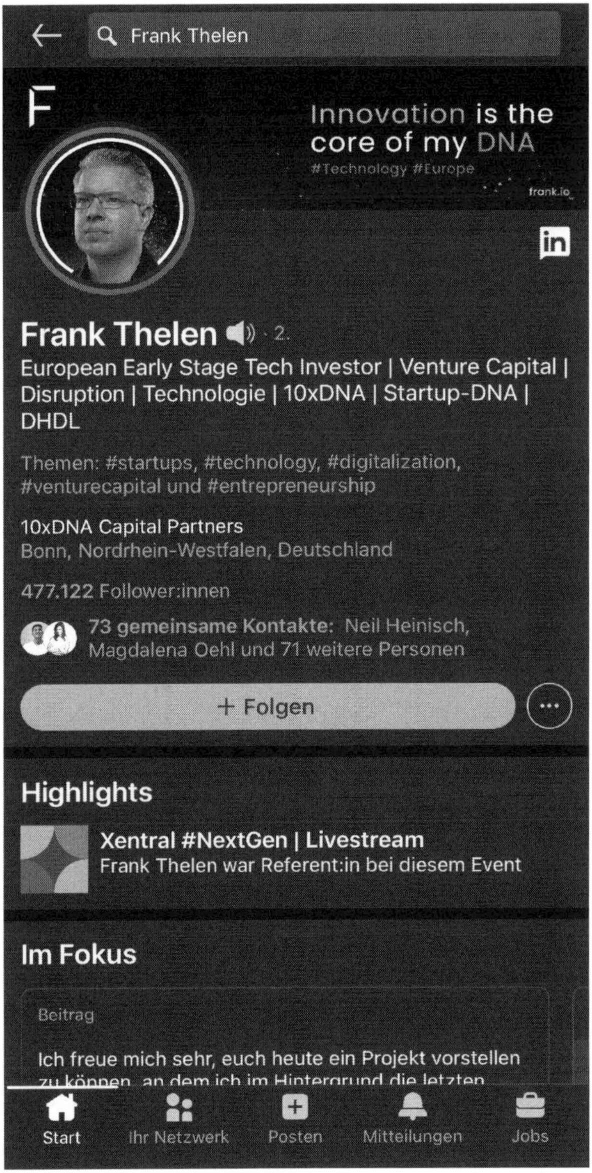

Screenshot von Frank Thelens LinkedIn-Profil. Er ist ein Key Opinion Leader mit großem LinkedIn-Following.

Definition Influencerinnen-Marketing

Influencerinnen-Marketing ist somit eine Form von Marketing, bei der ein Unternehmen/eine Marke mit einer Meinungsmacherin zusammenarbeitet, um gewisse Ziele zu erreichen. Es hat die Aufgabe, Unternehmensinhalte in den relevanten Zielgruppen zu verbreiten, die Markenbekanntheit zu steigern, das Markenimage zu prägen oder auch Kaufimpulse auszulösen.

Die drei Elemente von Einfluss

Aus diesen Definitionen ergibt sich als Konsequenz, dass Unternehmen beim Influencerinnen-Marketing auf drei Elemente von Einfluss setzen: *Reichweite*, *Vertrauen* (bzw. auch Expertinnenstatus) und *Aktivierungspotenzial*.

Alle drei Faktoren müssen stimmen, soll die Kampagne erfolgreich werden.

Die ***Reichweite*** ist der wohl offensichtlichste Faktor. Als Influencerin gilt jemand erst dann, wenn eine gewisse Community (quantifizierbar und in einer gewissen Qualität) vorhanden ist.

Positives Beispiel: Eine Instagram-Influencerin mit 500.000 Followerinnen hat unter jedem Instagram-Beitrag Tausende Likes und Hunderte echte Kommentare. Der Account wächst stetig weiter; du kannst eine Entwicklung der Zahlen nachverfolgen. Die wöchentlichen Lives, in denen die Influencerin auf die Fragen aus ihrer Community eingeht, steigern die Beliebtheit des Accounts. Ihre Inhalte werden oft und gern geteilt.

Negatives Beispiel: Eine große Zahl an Followerinnen bei einer ansonsten bis auf Bots und Spam-Kommentaren toten Community.

Das ***Vertrauen*** ist ebenfalls pures Gold. Schließlich hören wir Menschen nicht so gern auf die Empfehlungen von Leuten, die wir weder mögen noch für qualifiziert halten. Während die Sympathie aus der Persönlichkeit und aus den Überzeugungen der Influencerin entsteht, trägt eher ihr Expertinnenstatus, zumindest aber eine gewisse thematische Authentizität dazu bei, dass ihre Zielgruppe sie für qualifiziert befindet.

Positives Beispiel: Eine YouTuberin spezialisiert sich auf Fashionvideos mit einer thematischen Tiefe. Sie geht auf die Materialkunde ein, stellt unterschiedliche Figurentypen vor, stylt Trendstücke alltags- und bürotauglich. In den Kommentaren zeigen sich rege Unterhaltungen, ihre Zuschauerinnen loben die Kaufempfehlungen und erzählen, wie ihre Tipps ihnen geholfen haben.

Negatives Beispiel: Das Gegenteil wäre ein Account mit ständig wechselnden Themen, dessen Videos immer nur an der Oberfläche kratzen. So kann kein Vertrauen entstehen.

Schon diese beiden Elemente des Einflusses sind enorm wichtig, damit jemand als Influencerin gelten kann. Ohne das dritte Element würde allerdings der Einfluss in sich zusammenfallen wie ein Kartenhaus. Es ist DIE Währung auf Social Media: das ***Aktivierungspotenzial***. Nur wenn eine Influencerin eine engagierte, aktive, lebendige, positive Community pflegt, kann sie diese auch für Inhalte oder Kampagnen aktivieren.

Positives Beispiel: Wir kennen alle solche Stars, die allein durchs Tragen einer Handtasche für einen kompletten Ausverkauf dieses Taschenmodells sorgen können oder mit einem einzigen Aufruf eine ganze Armee an Followerinnen zu einer Aktion, einer Petition usw. aufzurufen vermögen. Das ist Aktivierungspotenzial at its best.

Negatives Beispiel: Das Gegenteil wäre eine Influencerin, die zwar viele Interaktionen auf ihrer Plattform zu verzeichnen hat, ihre Zielgruppe aber ansonsten nicht bewegen kann.

Kooperationen und Ziele im Influencerinnen-Marketing

Es gibt unterschiedliche Arten von Kooperationen mit Influencerinnen. Wie bei anderen Kommunikationsmaßnahmen auch kann Influencerinnen-Marketing kampagnenbasiert ablaufen oder auf eine langfristige Zusammenarbeit ausgelegt sein.

Hier eine kleine Übersicht von den einfachen bis hin zu komplexen Möglichkeiten einer Kooperation:

- ✓ reine Werbung, Product Placements oder Content Creation durch die Influencerin
- ✓ Abverkauf mit einem Affiliate-Code (Parallele zu Affiliate-Marketing)
- ✓ kreative Zusammenarbeit
- ✓ Entwicklung gemeinsamer Produkte oder Produktserien
- ✓ unterschiedliche Ambassador-/Testimonial-Programme
- ✓ Beratung deines Unternehmens durch die Influencerin (z. B. zu Social Media, einer Zielgruppe, bestimmten Produkten)

Mein Pro-Tipp: Wenn du Inspiration suchst und dir vergangene Werbekampagnen anschauen willst, geben dir Plattformen wie *Storyclash* einen spannenden Einblick.

Influencerinnen-Marketing kann bei sehr unterschiedlichen Zielen sehr hilfreich und nützlich sein:

- Relevanz bei einer bestimmten Zielgruppe steigern
- Erschließung einer bestimmten Zielgruppe vorantreiben
- Informationen über eine bestimmte Zielgruppe erhalten
- Beratung zu einer bestimmten Zielgruppe
- Website-Traffic
- Kundenloyalität
- Verkäufe und Lead-Generierung
- Imageaufbau/Brand Shift/Rebranding
- Human Resources/Employer Branding
- Produktentwicklung
- App-Downloads

Bei der Definition von Zielen ist höchste Konzentration gefragt. Nur klar umrissene Ziele erlauben es, am Ende sowohl die richtigen Influencerinnen/Testimonials als auch die passende Art der Zusammenarbeit zu bestimmen.

> Vermische nie deine Performance- und die Imageziele. Diese Ziele können Hand in Hand gehen und sich gegenseitig bedingen, aber sie sollten im Vorfeld getrennt werden. Halte deine Ziele stets realistisch und messbar.

Die richtigen Influencerinnen für deine Kampagne finden

Am Anfang einer jeden Influencerinnen-Marketing-Kampagne steht die Zielgruppe, die du erreichen möchtest. Du musst deine Zielgruppe oder deine Wunschzielgruppe genau kennen. Das ist wichtig, um zu überprüfen, ob diese Zielgruppe auf der Plattform aktiv ist und vor allem durch die Influencerin deiner Wahl dort erreicht wird.

Dann kann es ans Aussuchen deiner Influencerinnen gehen. Denk zurück an die drei Elemente des Einflusses: Reichweite, Vertrauen und Aktivierungspotenzial. Willst du vor allem Verkäufe generieren, ist das Aktivierungspotenzial besonders interessant. Bei Imagekampagnen spielt der Vertrauensfaktor eine übergeordnete Rolle.

Lege fest, ob du eine Kampagne startest oder eine langfristige Zusammenarbeit bevorzugst. Bestimme, ob eine einfache Einbindung genügt oder ob Erklärungsbedarf besteht. Diese Faktoren werden ebenfalls auf deine Auswahl und den Erfolg deines Pitches Einfluss nehmen.

Denn wenn es ans Recherchieren von Influencerinnen geht, spielen Quantität *und* Qualität eine Rolle.

Kriterien der Quantität: messbare Daten rund um die Reichweite und das Aktivierungspotenzial

Als Erstes kann man über die Zahlen sprechen. Je nach Following teilt man die Influencerinnen ein in:

- Mega-Influencerinnen: ab 1 Mio. Followerinnen; sie haben große Bekanntheit erlangt – häufig über die „Grenzen" von Social Media hinweg, oft sind sie Profis bzw. Medienprofis
- Macro-Influencerinnen: 100.000 bis ca. 1 Mio. Followerinnen; sie besetzen oft eine bestimmte thematische Nische
- Micro-Influencerinnen: 10.000 bis ca. 100.000 Followerinnen; sie haben weniger Kooperationen, weisen dafür oft sehr aktive Communitys auf
- Nano-Influencerinnen: unter 10.000 Followerinnen; bei ihnen bezahlst du niedrigere Preise, sie bieten oft zahlenmäßig das höchste Engagement

Denk daran: **Diese Zahlen sind nicht in Stein gemeißelt, sondern von der Plattform, dem Medium und der Nischengröße abhängig.** Zur Verdeutlichung ein Beispiel aus den klassischen Medien: Ein Fachblatt mit der Auflage von 10.000 Druckexemplaren kann in seinem Bereich so wichtig sein wie eine Tageszeitung mit einer Millionenauflage.

Um die Zahlen deiner bevorzugten Influencerinnen zu bestimmen, kannst du neben deren Mediadaten auch Tools wie influData, Social Blade, Creator Marketplace (TikTok) verwenden. Wichtig sind demografische Daten, Engagement Rates (gängige Formel: *Interaktionen : Reichweite * 100*). Direkte Anfragen bei den Influencerinnen und Gegenchecks sind ebenso empfehlenswert.

> Natürlich lohnen sich bei den Influencerinnen der Aufbau und die Pflege der Beziehung im Vorfeld einer jeden Kooperationsanfrage. Ob die Zusendung von relevanten Produktnews, ob Einladungen zu bestimmten Events – die Möglichkeiten sind da vielfältig. Authentische Beziehungen, Fingerspitzengefühl und faire Absprachen lohnen sich immer. Ich würde sogar so weit gehen, dass sich das hier besonders lohnt, denn die Influencerinnen tauschen sich rege untereinander aus, und zwar sowohl über Erfolge und gute Kooperationen *als auch über Fails.*

Kriterien der Qualität: Einschätzung und Zeitinvestition

Bei der Auswertung der Influencerinnen solltest du nie rein nach den Zahlen gehen. Wie zuvor beschrieben, ist Reichweite nicht alles. Auch das Vertrauen in die Influencerin seitens ihres Publikums spielt eine wichtige Rolle. Ohne ist keine Aktivierung möglich.

Anhand der folgenden Faktoren kannst du die Authentizität und andere wertvolle Eigenschaften für dich ermitteln.

- **Glaubwürdigkeit und Vertrauen:** Genießt die Influencerin ein hohes Ansehen innerhalb ihrer Community und ggf. auch innerhalb der Branche? Gibt es wertschätzende Kommentare von Nutzerinnen und Kooperationspartnerinnen? Nimmt sie z. B. als Sprecherin/Expertin an Branchenevents teil?
- **Bisherige Kooperationen:** Wie oft geht sie Kooperationen ein, welche Unternehmen haben sie in der Vergangenheit gebucht und wie sahen die Kooperationen aus? Gibt es langfristige Kooperationen oder wirbt jedes Unternehmen nur einmal? Passt diese Art zu arbeiten zu deinem Unternehmen bzw. zu deiner Kampagne?
- **Art des Contents:** Welche Inhalte erstellt die Influencerin? Welche Formate bespielt sie mit Erfolg?
- **Content-Qualität:** Wie hochwertig ist der Content auf dem inhaltlichen, visuellen und sprachlichen Level?
- **Netzwerk der Influencerin:** Mit welchen Unternehmen, Agenturen und anderen Influencerinnen ist sie vernetzt?
- **Werte und Haltung der Influencerin:** Wofür steht sie? (Meinung, Lifestyle)
- **Brand Fit:** Wie gut passen deine Marke, dein Unternehmen und die Influencerin zusammen? Kann ein authentisches, für beide Seiten vorteilhaftes Ergebnis entstehen?
- **Brand Safety:** Gibt es etwas für deine Brand oder dein Unternehmen potenziell Problematisches?

Pro-Tipp: Hier lohnt sich neben der Kontaktpflege ein gewisses Zeitinvestment. Schau dir den Inhalt einfach eine Weile an, verfolge das Geschehen.

Den menschlichen Faktor nicht vergessen: Sämtliche Influencerinnen können

1. deiner Branche,
2. deiner Kommunikationsstrategie,
3. deinem Unternehmen,
4. deinem Angebot und/oder
5. deiner Marke

gegenüber sowohl positiv, ja sogar enthusiastisch, eingestellt sein als auch zu den Kritikerinnen gehören – und das ganz unabhängig von deiner Kooperationsanfrage. Aus dem Grund lohnt sich immer ein genauer Blick jenseits der Kennzahlen!

Wichtig ist noch die folgende Überlegung. Dein Unternehmen muss nicht zwangsläufig auf der Plattform der Influencerin (aktiv) stattfinden. Sofern die Plattform zu deiner Zielgruppe und zu deinem Unternehmen passt, kannst du deine Ziele rein technisch auch ohne einen eigenen Account erreichen.

Was kostet Influencerinnen-Marketing?

Kurz gesagt? – Von null bis open end!

Und hier die Antwort mit ein paar mehr Details und Nuancen:

Spätestens am Ende deiner Recherche stellt sich die Frage nach dem Kooperationsbudget. Natürlich variieren die Preise nicht nur von Kategorie zu Kategorie (Finanz-, Tech-, Reise-Influencerinnen können unter Umständen und bedingt durch höhere Ausgaben der Content-Beschaffung höhere Preise aufrufen als Parenting-, Minimalismus- oder DIY-Influencerinnen). Auch unterschiedliche Mega- und Nano-Influencerinnen können sehr unterschiedliche Preislisten haben. Innerhalb einer Kategorie und innerhalb einer Reichweiten-„Klasse“ können die Konditionen ebenfalls stark schwanken, denn die einen betreiben ihren Kanal als Hobby, die anderen sind Profis und haben eine klare Vorstellung von ihrem Business.

Deshalb hängt der Kooperationspreis vom Geschäftsmodell, von den individuellen Stärken und Interessen und ebenso von der Art der Zusammenarbeit ab. Manchmal ist eine Kooperation besonders günstig, weil die Influencerin gerne mit einer neuen Branche oder einem neuen Thema (oder sogar direkt mit deinem Unternehmen, der Jackpot schlechthin!) arbeiten möchte. Manchmal sind die Preise aus dem Grund sehr hoch angesetzt, weil hinter einem bekannten Gesicht eine renommierte Agentur oder ein ganzes professionelles Produktionsteam agiert – oder deine Kampagne für die Influencerin keinen großen Mehrwert bietet. Manchmal soll ein hoher Preis sogar in einem gewissen Maß von der Kooperation „abschrecken", etwa dann, wenn die Influencerin die Ablehnung nicht gut begründen kann oder nicht möchte.

Um langfristig zu verstehen, ob sich Influencerinnen-Marketing für dich und dein Unternehmen lohnt und welches Budget angemessen ist, gibt es ein einfaches Rezept, zu dem viele meiner Kundinnen greifen. Sie buchen eine Influencerinnen-Kampagne im Wert einer vergleichbaren Paid-Ads-Kampagne und vergleichen die Ergebnisse. So können sie intern antesten, was besser performt und mit der Zeit z. B. in teurere und komplexere Kampagnen investieren. Auch ohne einen solchen Vergleich kannst du ein Test-Budget festlegen und passend dazu Influencerinnen für die Kooperation aussuchen.

!

Wenn du absolut gar kein Budget hast/bekommst, setze auf Influencerinnen-Relations. Schicke Informationen und Produkte, biete exklusive Insights und Informationen an, sei hilfreich, sei empathisch, sei echt! Du kannst die Influencerinnen beispielsweise zu wichtigen Events und Industrieveranstaltungen einladen, zu denen der Zugang sonst begrenzt ist. Bitte argumentiere jedoch niemals (wirklich niemals!) mit „Ich habe kein Budget, aber unser Produkt ist doch so toll" – das ist eine Ansage, die Influencerinnen zuhauf hören. Noch schlimmer, diese Ansage bedeutet eigentlich am Ende nur eines: *Du bist mir kein Budget wert.* Spätestens dann, wenn du doch ein Budget bekommst und es woanders ausgibst, wird das nicht unbemerkt bleiben. Dafür brichst du Brücken ab und verbaust dir langfristig mehr Chancen als nur bei dieser einen Influencerin.

Influencerinnen-Marketing: vom Angebot bis zur Kampagne

Jetzt steht deine Influencerinnen-Liste, die Ziele sind klar, die Strategie ist abgesegnet, das Budget freigegeben. Was nun?

Nun geht es an die Kontaktaufnahme! Denke daran, dafür immer ausschließlich deine offizielle Firmenadresse zu verwenden. Bei manchen Influencerinnen gibt es darüber hinaus bevorzugte Wege der Kontaktaufnahme wie etwa eine DM bei Instagram, eine bestimmte E-Mail-Adresse für Kooperationen oder sogar die Kontaktdaten einer Agentur. Beachte diese immer ganz genau.

Verzichte dabei idealerweise auf Copy-Paste-Nachrichten im Stil von „Liebe X, ich bin ein großer Fan deines YouTube-Channels" und schicke auch nicht gleich die neueste Pressemitteilung los. Die besten Anfragen sind kurz, verständlich strukturiert und beinhalten sowohl die wichtigsten Informationen als auch eine deutliche Information zur erwarteten Antwort.

!

Besonders schlau ist, schon im Vorfeld als Unternehmen virtuelle Spuren zu hinterlassen. Folge der Influencerin mit deinem Unternehmensaccount, kommentiere ab und an sinnvoll in ihrer Community, verteile hier und da ein paar Likes. Auch offline solltest du den Kontakt pflegen, etwa mit Einladungen zu Messen und Events sowie mit Produktaussendungen oder PR-Samples.

Hast du der Influencerin deiner Wahl die Kooperation schmackhaft machen können? Gratuliere. Vor der Umsetzung muss noch die korrekte Grundlage geschaffen werden – ein Vertrag muss her und ein Kampagnen-Briefing. Beides sind unabdingbare Basics, ohne die keine seriöse Zusammenarbeit möglich ist.

Influencerinnen-Briefing schreiben

Den **Vertrag** setzt dein Legal Team auf, so viel ist klar. Dort haltet ihr die Leistung und die Bezahlung samt Zahlungsmodalitäten fest und vermerkt alle vertragsrelevanten Details wie z. B. Geheimhaltungsklauseln, Buyouts und Lizenzen, Konkurrenzausschluss, Deadlines, Abläufe und auch das Kündigen der Kooperation.

Was gehört ins Briefing?

Weil Kontext wichtig ist, muss dein Briefing eine (prägnante) **Vorstellung des Unternehmens** und bei Produktkampagnen auch **Informationen zum Produkt** liefern.

Außerdem unentbehrlich: **Details zur geplanten Influencerinnen-Kampagne**. Wann soll sie beginnen und wie lange soll sie laufen? Welche Plattform(en) soll sie umfassen? Gibt es **Deadlines und Freigaben** und wie sind diese gestaltet? Benenne unbedingt die **Ziele der Kampagne**. Beschreibe hier auch die **Art der Kooperation** (Product Placement, Gewinnspiel, Unboxing, Tutorial etc.) und ob diese einmalig oder langfristig gedacht ist. Auch Wunsch-Hashtags und die bevorzugte Art von Content kannst du hier unterbringen. Lege unbedingt fest, dass die **Werbekennzeichnung** Pflicht ist. Wenn es **Sperrfristen** gibt, benenne sie.

Ebenfalls hilfreich ist eine **Liste von Dos und Don'ts**. Hier geht es um die eigentliche Umsetzung der Kampagne. Wie sollte dein Produkt dargestellt werden und wie auf keinen Fall? Was sollte über dein Produkt gesagt und was darf nicht erwähnt werden? Welche Produktmerkmale sind die wichtigsten, welche Botschaft soll vermittelt werden?

Falls die Influencerin in der Vergangenheit eine Kampagne oder ein Content Piece veröffentlich hat, die/das dir als Grundidee gut gefällt, kannst du auch diese benennen. Generell kannst du immer **Ideen und Inspirationen** teilen, nur vergiss dabei bitte nicht, „deinen" Influencerinnen genug Raum für Kreativität zu lassen. Schließlich ist es, wir erinnern uns, ihre Persönlichkeit, die sie bei ihrer Community beliebt macht.

Es lohnt sich immer, den Influencerinnen die eigentlichen Ziele der Kampagne zu erläutern. Sie kennen schließlich ihre Communitys und die Stärken der jeweiligen Plattform am besten und können so besser zum Erfolg deiner Kampagne beitragen.

Noch ein abschließendes Wort an dieser Stelle: Zwar streiten sich hier und da noch die Gerichte um die finale Form, doch eines steht fest – in Deutschland ist jede Art von Werbung als solche auszuweisen, und zwar so, wie es die deutschen Gesetze regeln. Eine plattformeigene Kennzeichnung, wie etwa von Instagram vorgeschlagen, erfüllt diese Vorgaben derzeit nicht.

Aktuelles zu den jeweils gültigen Kennzeichnungspflichten bei Kooperationen und Influencerinnen-Marketing findest du beim BVDW, dem Bundesverband Digitale Wirtschaft e. V.: https://www.bvdw.org. Übrigens findest du dort auch andere interessante Einblicke in die Medienlandschaft Deutschlands. Alternativ kannst du eine Fachanwältin konsultieren.

Corporate Influencerinnen

„Hauseigene" Marken-Botschafterinnen

Sind Corporate Influencerinnen einfach nur besonders motivierte Teammitglieder mit einem starken Social-Media-Following oder gehört mehr dazu? Wie (und wo?) findest du diese internen Marken-Botschafterinnen? In diesem Kapitel findest du die Definition des Begriffs und noch dazu eine Schritt-für-Schritt-Anleitung zu deinem hauseigenen Corporate-Influencerinnen-Programm.

Wenn du dich an unsere Checklisten aus den Anfangskapiteln des zweiten Teils erinnerst, so haben wir dort unter anderem die Regeln festgelegt, nach denen dein Team mit der Öffentlichkeit interagieren soll. Das ist ein wichtiger Schritt, um Kommunikationswildwuchs oder gar Probleme zu vermeiden.

Widerspricht sich das nicht, wenn wir jetzt also davon sprechen, dass bestimmte Mitarbeiterinnen sogar als Influencerinnen für dein Unternehmen auftreten?

Kurze Antwort: nein. Hier sind die wichtigsten Details.

Was sind Corporate Influencerinnen?

Neben Corporate Influencerinnen kann auch von „Unternehmensbotschafterinnen" oder „Corporate Markenbotschafterinnen" gesprochen werden.

Wie es der Begriff schon suggeriert, sind das die Mitarbeiterinnen eines Unternehmens, die dieses Unternehmen im Bereich ihrer jeweiligen Expertise auf Social Media vertreten.

Dabei agieren sie selbstbestimmt und auf eigene Initiative hin, kommunizieren authentisch und auf einem hohen fachlichen Niveau, was für Engagement bei und Interaktion mit ihren Followerinnen sorgt. Sie werden zu wichtigen Spielerinnen ihrer jeweiligen Branche, sprechen auf Konferenzen, geben Interviews und treten als Expertinnen in ihrem Gebiet auf. Corporate Influencerinnen vernetzen sich online – und offline.

Am Ende profitieren sie und das Unternehmen gleichermaßen von dem Auftritt. Das Unternehmen kann dabei auf verschiedene Arten punkten, darunter bei Themen rund um HR, Kommunikation und Verkauf. Auch und vor allem Konzernen geben hauseigene Influencerinnen dazu ein persönliches Gesicht.

Klingt traumhaft, oder?

Der Wandel der Unternehmenskultur

In einem sehr klassischen Gefüge aus Arbeitgeberin und Arbeitnehmerin kann natürlich ein Konflikt entstehen. Auf Seiten des Unternehmens geht es dann um Investition versus Ertrag, um das Aufgeben der Kontrolle über kommunizierte Inhalte sowie um die Frage, was passiert, wenn die Corporate Influencerin eines Tages wechselt. Auf Seiten der Influencerin ist die Unklarheit, ob dieser Mehraufwand zusätzlich entlohnt werden wird.

Eines vorab: Unter solchen Voraussetzungen funktioniert das mit den Corporate Influencerinnen auf keinen Fall. Das Stichwort lautet vielmehr: *moderne Unternehmenskultur*.

Voraussetzung für ein erfolgreiches Corporate-Influencerinnen-Modell in jedem Betrieb ist daher eine moderne Unternehmenskultur, die von Vertrauen und Wertschätzung geprägt ist. Gerade im Hinblick auf den gefürchteten Fachkräftemangel ist das übrigens angesagter denn je.

Vorteile eines richtig ausgeführten Corporate-Influencerinnen-Programms sind unter anderem:

- ✓ der Aufbau einer starken Personal Brand für die Influencerinnen
- ✓ der Aufbau eines hochwertigen Netzwerks für die Influencerinnen
- ✓ mehr Reichweite, mehr Sichtbarkeit fürs Unternehmen
- ✓ mehr Vertrauen ins Unternehmen und/oder in seine Marken
- ✓ ein persönlicherer Auftritt fürs Unternehmen
- ✓ Zugang zu interessanten Markteinsichten und Branchenwissen

Wenn du also nicht bereits Mitarbeiterinnen in deinem Team hast, die als Unternehmensbotschafterinnen auftreten, kannst du ein entsprechendes Programm aufsetzen.

Bekannte Gesichter: aktuelle Star-Beispiele

Die Frage, die bei diesem Thema oft im Raum steht, ist: „Wer darf denn da eigentlich schreiben? Nur die Firmenleitung?"

Tim Höttges

Deutsche Telekom

https://de.linkedin.com/in/timhöttges

Tatsächlich gibt es einige Influencerinnen, die der CEO-Ebene oder dem Top-Management angehören. Tim Höttges, Vorstandsvorsitzender der Deutschen Telekom ist zum Beispiel so ein „Social CEO". Seine Themen sind vorrangig Telekommunikation, Innovation und die Positionierung der Deutschen Telekom in der Branche.

Annahita Esmailzadeh

Microsoft

https://www.linkedin.com/in/annahita-esmailzadeh

Microsofts *Head of Customer Success* Annahita Esmailzadeh hatte vorher unter anderem eine Station als Innovationschefin bei SAP. Die studierte Wirtschaftsinformatikerin gilt als eine der bedeutendsten Corporate Influencerinnen im deutschsprachigen Raum. Ihre Themen sind unter anderem die neue Unternehmenskultur, Gen Z in der Arbeitswelt und Diversität.

Doch das sind, wenn du so willst die „Stars", die mit reichweitenstärksten deutschsprachigen Business-Stimmen. Und auch diese haben irgendwann mit einem einzigen Beitrag auf dem Social Network ihrer Wahl angefangen.

So geht dein Corporate-Influencerinnen-Programm

Wie gehst du also vor, wenn du auch für dein Unternehmen eine oder mehrere Corporate Influencerinnen finden willst?

Ich empfehle das folgende 5-Schritte-Programm:

1. Zielsetzung und Plattformauswahl
2. Kick-off und Auswahl der Influencerinnen
3. Onboarding und Schulungen
4. Umsetzung und Betreuung
5. Analyse, Optimierung, Ausbau

Bevor das eigentliche Programm startet, braucht es noch eine Vorbereitungsphase. Nachfolgend alle Schritte in einer Übersicht.

Phase	Aufgaben	Ergebnisse/Ziele
Vorbereitungs-phase	Support der Geschäftsleitung sichern Klärung der organisatorischen Zuständigkeiten und Ansprech-partnerinnen fürs Team, das der Influencerin bei Rückfragen zur Verfügung steht Festlegen der zur Verfügung gestellten Ressourcen Definition und Freigabe des Zeitaufwands für die Influen-cerin Kommunikationsprozesse in-nerhalb des interdisziplinären Teams bestimmen	Schaffen eines stabilen Rahmens (Ressourcen, Zeit, Ansprechpartnerinnen), auf den sich die Corporate In-fluencerin im Rahmen ihrer Tätigkeit verlassen kann Erarbeiten von Contentpools und ggf. Contentvorlagen, die die Arbeit der Influence-rin erleichtern werden Festlegen von verbindli-chen Regeln bzgl. Arbeits-zeiten und Verpflichtungen/Verhaltensweisen, Ver-schwiegenheit sowie aller re-levanten rechtlichen Fragen
Zielsetzung und Plattform-auswahl	Überprüfung aller zur Verfü-gung stehender Plattformen: Welche passen zum Unterneh-men und zu den künftigen Influ-encerinnen? **Tipp:** Auch wenn ein Mix sinnvoll ist, kann der Einfachheit halber eine Person auch nur eine Platt-form bespielen.	Definition von unternehme-rischen Zielen, die das Pro-gramm unterstützen soll Festlegung der infrage kommenden Social-Media-Plattformen, Online- und Offline-Plattformen

Die Tabelle findest du auch hier zum Download.

Phase	Aufgaben	Ergebnisse/Ziele
Kick-off und Auswahl der Influencerinnen	Wenn alle Grundlagen stehen, ist es Zeit fürs Kick-off: Das Programm wird angekündigt. Natürlich gehört dazu auch eine Ansprechpartnerin, die die Bewerbungen der Mitarbeiterinnen entgegennimmt und bei Fragen erreichbar ist. **Tipp:** Ein eigener Name fürs Programm oder sogar ein Hashtag sind attraktive Optionen.	Das Programm unternehmensintern lancieren Das Programm attraktiv für Bewerbungen präsentieren **Tipp:** Du kannst das Programm unternehmensweit kommunizieren oder aber mit einem Pilotprojekt starten, indem du ausgesuchte Teilnehmerinnen einlädst. Achte dabei auf eine hohe intrinsische Motivation der Eingeladenen sowie auf eine größtmögliche Vielfalt (Herkunft, Alter, Position im Unternehmen, berufliche Erfahrung, Fachrichtung usw.).
Onboarding und Schulungen	Bevor das Pilotprojekt oder das eigentliche Programm startet, steht das Onboarding an. Hier vermittelst du deinen angehenden Corporate Influencerinnen all das Wissen (fachlich, rechtlich usw.), das du in der Vorbereitungsphase erarbeitet hast, in Form von Schulungen, Guidelines, Coachings und Trainings. Eine weitere Aufgabe ist das Anlegen des Profils für deine Influencerinnen (vgl. Kapitel zur *Profilgestaltung* ab S. 68).	Erfolgreicher Aufbau einer Kommunikations-, Plattform- und Themenkompetenz

Phase	Aufgaben	Ergebnisse/Ziele
Umsetzung und Betreuung	Mit Content-Templates zur Planungshilfe kannst du deinen Corporate Influencerinnen dabei helfen, ihre Themen und ihren Workload im Griff zu behalten. Auch der während der Vorbereitungsphase angelegte Content-Hub kann von der Influencerin gerne verwendet werden – vor allem produktionsintensives Material wie Videotutorials und Templates für visuellen Content sind gefragt. Das am Anfang zusammengesetzte Team sollte dafür sorgen, dass deine Corporate Influencerin alle Fragen beantwortet bekommt und immer mit der Unterstützung des Teams (fachlich, rechtlich usw.) rechnen kann. **Wichtig:** Das Unternehmen darf den Corporate Influencerinnen dabei keine Themen vorgeben.	*Gratuliere! Dein eigenes Corporate-Influencerinnen-Programm ist in vollem Gange!*

Wichtig: Umfragen zu Learnings sind ein unumgängliches Tool bei Corporate-Influencerinnen-Programmen. Wenn du das Ganze als Pilotprojekt aufziehst, kannst du deine Befragung am Ende des Projektes starten. Wenn es ein permanentes Programm werden soll, sind Umfragen in regelmäßigen Abständen sinnvoll.

Phase	Aufgaben	Ergebnisse/Ziele
Analyse, Optimierung, Ausbau	Die Erfolgsmessung deines Programms sollte sowohl quantitativ (Reichweite, Following, Engagement) als auch qualitativ (Imageaufbau, Wandel der Unternehmenskultur, positive Resonanz und auch internes Interesse) stattfinden. **Tipp:** Gerade zum Bewerten qualitativer Ziele schaffen einige Unternehmen ein eigenes Punktesystem. Dabei sollte jedoch unbedingt ein Wettbewerbsdenken unter mehreren Influencerinnen vermieden werden. Zielerreichungen können mit ideellen Incentives zelebriert werden.	Tracking der erreichten Ziele anhand der vorher festgelegten KPIs Messung der „soften" Erfolgsfaktoren anhand eines hauseigenen Systems Umsetzung bestimmter Incentives Optimierung der Prozesse, wo und wenn nötig

Auch die Suche nach weiteren Influencerinnen kann hier mit einbezogen werden. Denn wenn dein Programm erfolgreich ist und attraktiv wirkt, werden Teammitglieder von sich aus mitmachen wollen. Dabei können erfahrenere Influencerinnen das Onboarding der Neuen mitbetreuen und so den Teamzusammenhalt noch weiter positiv beeinflussen.

Pro-Tipp: Achte stets auf durchgehende, proaktive Betreuung. Im hektischen Berufsalltag können solche Initiativen für die Einzelnen leider sehr schnell untergehen – und das ist natürlich nicht der Sinn des Ganzen!

Kapitel 3

▶ Alles rund um Content

Content is king,[8] heißt es immer wieder.

Allerdings ist mit dieser Aussage immer nur eine Art Content gemeint, und zwar: der relevante Content. Einfach nur ohne Plan und ohne Ziel Worte und Bilder in den virtuellen Raum zu pusten, ist (bestenfalls) eine Verschwendung der Ressourcen.

In den folgenden Kapiteln geht es deshalb darum, den richtigen Content für dein Unternehmen zu finden, zu sortieren, zu kreieren, zu verwalten und wiederzuverwenden.

Als großes Finale reden wir dann über die absolute Königsdisziplin, den viralen Content.

[8] Diese Formulierung ist der Titel eines von Bill Gates verfassten Essays aus dem Jahr 1996.

Deinen Content finden: nie wieder ratlos

Content finden – aber nachhaltig

Wo findest du die besten (und nie versiegenden) Content-Quellen für alle Plattformen, die du bespielen möchtest? Das sehen wir uns in diesem Kapitel an, damit es heißt: Nie wieder den Schrecken der Schreibblockade erleben! Nie wieder ein gähnend leerer Content-Kalender!

Ich sage dir eines: Wenn du dein Content-System erst hast, wirst du nie mehr ratlos vor einem Kalender sitzen. Stattdessen werden dir immer gute Inhalte einfallen. Mehr noch – du wirst dich vor Content-Ideen überhaupt nicht mehr retten können!

Ein weiterer Vorteil ist, dass dir so viel eher Inhalte mit Boah!-Effekt gelingen können. Das sind Inhalte, die so inspirierend oder so hilfreich sind, dass deine Leserin denkt: „Boah, als hätten die meine Gedanken gelesen!"

Guter Content ist wie ein gutes Produkt: ein effizienter Problemlöser. Das Problem kann sehr einfach sein: Langeweile oder Komplexität (Steuererklärung).

In 3 Schritten zum Content mit Mehrwert

1. Lerne die Plattform kennen.
   (vgl. das 1. Kapitel dieses Teils ab S. 53)
2. Lerne deine Zielgruppe kennen.
3. Definiere, was du als Unternehmen veröffentlichen musst und auch willst.

Schritt 1

Am Anfang des Teils in Kapitel 1 (ab S. 52) haben wir uns damit beschäftigt, wie wichtig es ist, die Plattform der Wahl kennenzulernen. Falls du zwischendurch mit der Planung und den Recherchen befasst warst, ist spätestens jetzt der Zeitpunkt gekommen, sich die App wieder genauer anzusehen. Gibt es neue Funktionen? Fühlt sich die Bedienung der App natürlich an?

Schritt 2

Deine Zielgruppenanalyse steht an: die Analyse der speziell auf einem bestimmten Social-Media-Channel angesprochenen Zielgruppe. Du musst dir im Klaren darüber sein, was deine Wunschleserin bzw. Kundin, die diese Plattform benutzt, ausmacht. Die Zielgruppenanalyse fällt je nach Unternehmen unterschiedlich aus, aber meist geht es darum, bestimmte Attribute festzulegen wie z. B.:

Wohnort ______________________

Alter und Lifestyle ______________________

Beziehungsstatus ______________________

Familienstatus ______________________

Wünsche und Träume ______________________

Dann musst du herausfinden, was deine Kundin (erreichen) will.
Die Antwort muss dabei schon sehr spezifisch sein, z. B.:

Meine Leserin will einfache, günstige Rezepte für den Alltag entdecken.

Meine Leserin will gut aussehen und ein gesundes Selbstbewusstsein entwickeln.

Meine Leserin will finanziell unabhängig werden.

Benenne als Nächstes drei bis fünf der wichtigsten Herausforderungen, mit denen deine Zielgruppe zu kämpfen hat:

____

____

____

____

____

Beispiele für diese Herausforderungen können sein:

Meine Leserin will einfache, günstige Rezepte für den Alltag.

> *Sie hat nicht genug Zeit.*
>
> *Sie kauft Kochbücher, schlägt dort aber nie nach – das ist zu kompliziert.*
>
> *Sie möchte gesund und abwechslungsreich kochen können.*

Meine Leserin will ein gesundes Selbstbewusstsein entwickeln.

> *Sie fühlt sich nicht fit.*
>
> *Ihre Outfits gefallen ihr nicht.*
>
> *Modeshopping ist anstrengend und frustrierend.*

Meine Leserin will finanziell unabhängig werden.

> *Sie ist in einem Corporate Job gefangen, der keine Ersparnisse erlaubt.*
>
> *Sie hat kein Wissen rund um das Thema Budgetplanung.*
>
> *Sie möchte mehr über nachhaltiges Investieren wissen.*

Mit dieser Auswertung kommst du einem wichtigen Thema auf die Spur, das im Content-Marketing eine große Rolle spielt: Content

Pillars. *Pillar* ist das englische Wort für Pfeiler, Säule oder Träger. Mit diesen Content-Pfeilern definierst du nämlich deine Kernthemen.

Anders als Pillar Content, den du auf deiner Website um wichtige Keywords herum aufbaust (mit sogenannten Pillar Pages), beschreiben die *Content Pillars* drei bis fünf Themen, die deine Zielgruppe von dir erwartet – und das mit dem individuellen Twist, der deine Brand bzw. dein Unternehmen ausmacht.

Das Schöne ist nicht nur, dass du damit unendlich viel Content generieren kannst, sondern wie relevant dieser Content sein wird. Inhalte mit Mehrwert sind heiß begehrt.

Für die zuvor genannten Beispiele könnten die Content Pillars so aussehen:

Meine Leserin will einfache, günstige Rezepte für den Alltag.

1. 3-Minuten-Rezepte für jeden Tag
2. Ideen für Food Prep
3. Kalender für günstiges, saisonales Obst und Gemüse und Rezepte, die das berücksichtigen
4. Spartipps beim Einkaufen und Kochen

Meine Leserin will ein gesundes Selbstbewusstsein entwickeln.

1. einfache Styling-Tipps
2. Mythbusting der Modeindustrie
3. shoppable Looks

Meine Leserin will finanziell unabhängig werden.

1. Tools, Apps und Techniken der Budgetplanung
2. Expertinnen-Interviews rund ums Investieren und um Finanzen
3. Tipps zum einfachen Sparen im Alltag

Ausgehend von den ermittelten Herausforderungen und den Pillars kannst du also mit Leichtigkeit ein ganzes Jahr an Inhalten entwickeln und planen, denn sie bieten dir eine große thematische Klarheit und helfen ganz nebenbei, interessante Formate (z. B. Tutorials, Listicles, inspirierende Stories, Behind-the-Scenes und mehr) mit diesen Inhalten zu bestücken, damit dein Content deinen Leserinnen aus der Seele spricht.

Schritt 3
Last, but not least: Was ist die Botschaft, die du auf Social Media transportieren willst? Was willst du der Zielgruppe vermitteln?

Denn um das Ganze nun erfolgreich abzurunden, greifst du natürlich nicht nur in die typische „Inhaltskiste" eines Unternehmens wie

- Marketingkalender/Produktlancierungen,
- Messekalender/Ausstellungen und Events,
- Pressemitteilungen/Milestones,

sondern nimmst auch die Aussagen, die du treffen willst, in die Hand.

Ein Beispiel: Du möchtest dich nach außen hin als ein Unternehmen präsentieren, das ein guter Arbeitgeber ist. Dafür sammelst du einige Argumente wie „Wir haben hervorragende Arbeitsbedingungen", „Bei uns bekommt man Top-Fortbildungsangebote", „Wir arbeiten für renommierte Brands". Schau dann, welche Inhalte und Formate diese Message am besten illustrieren. Sind es kurze, spontane Teamvideos? Sind es Vorher-Nachher-Bilder verbesserter Teamaufenthaltsräume?

Überprüfe, welche Inhalte du von dir aus kommunizieren willst und in welcher Form sie deine Zielgruppe am besten erreichen. Können diese sehr unternehmenszentrierten Themen auch deine Pillars stärken oder gar einen eigenen Pillar bilden? Wenn du dein Unternehmen als Autorität innerhalb der Branche positionieren willst, können Einblicke in die Industrie sinnvoll sein und auch für deine Kundinnen und Leserinnen einen gewissen Mehrwert bieten.

Wichtig: Du musst selbstverständlich nicht *alles* auf Social Media zeigen, was im Unternehmen anfällt. Auch von Plattform zu Plattform, von Format zu Format kannst du deinen Content unterschiedlich aufteilen. Von Geschäftsmodellen (B2B, B2C, D2C) hängt ebenfalls einiges ab. Deine perfekte Content-Strategie hat daher schon etwas von einem Puzzle.

Pro-Tipp: Überprüfe beim Zusammenstellen deiner Inhaltsideen, was du auch umsetzen *kannst* (Überprüfe deine Ressourcen wie Zeit und Produktionsanforderungen, Plattformbegebenheiten usw.) und was du umsetzen *darfst* (Rechtliches).

Deinen Content planen

Content-Kalender, Formate, Styleguide

In diesem Kapitel geht es nicht allein um das Ordnen und Planen deiner Inhalte, sondern auch um DAS Social-Media-Thema überhaupt: Hashtags.

Sobald du deine Content- und Format-Ideen gesammelt hast, kannst du überlegen, wie oft du auf welchem Channel posten willst – natürlich auch hier immer passend zu deinen Social-Media-Kanälen und Zielen.

Dann kannst du mit dem Füllen deines Content-Kalenders loslegen. Damit das ebenfalls mit System geschieht, brauchst du auch hierbei einen Prozess, der für dein gesamtes Team gilt.

Content planen, Qualität sichern: der Styleguide

Lege als Erstes deine Prioritäten fest. Welche Themen aus deiner Ideenliste passen am besten zur Plattform und Zielgruppe, sind dir am wichtigsten und können im Rahmen deiner Ressourcen auf einem guten Level sowie durchgängig umgesetzt werden? *Kontinuität* ist hier das Schlüsselwort.

> **!** Kontinuität ist die wichtigste Größe im Social-Media-Game. Nicht nur vom Image und von der Content-Strategie her ist kontinuierliches Posten ein Muss. Auch die Algorithmen erkennen und belohnen es, wenn deine Zielgruppe gern und häufig mit regelmäßigen Inhalten von dir interagiert.

Bei der Planung schlägt außerdem die Sternstunde deiner Zuständigkeitsvergabe! Textredaktion, Bildredaktion, Marketing, PR, Sales und Legal – die vor Beginn deines Social-Media-Projekts verteilten „Hütchen“ haben nun ihren Auftritt. Die jeweils zuständigen Personen legen, gemeinsam mit dem Team, die Standards für eure Formate sowie bestimmte Qualitätskriterien fest, denen der Content des Unternehmens entsprechen muss.

Wichtig: Diese Standards und Qualitätskriterien sollten für einen längeren Zeitabschnitt gelten und nicht ständig neu verhandelt werden. Behalte eine gewisse Agilität bei.

Von allen Verantwortlichen sind Dos und Don'ts zu erwarten. Im Fall der Grafikabteilung und des Werbetextes kann es sich lohnen, einen Styleguide für Social Media aufzusetzen. Dieser kann als Unterkapitel im Stylebook des Unternehmens zusammengefasst werden und beschreibt den visuellen sowie textlichen Rahmen für deinen Content.

Was kann in einem Social-Media-Styleguide und in den Qualitätskriterien festgehalten werden? Hier eine typische Zusammenstellung:

Legal:

- Datenschutzbestimmungen, Gewinnspielregeln, UGC-Bedingungen
- unzulässige Begriffe und Aktionen

PR/Marketing:

- Unternehmen, die getaggt werden sollen bzw. nicht getaggt werden dürfen
- Accounts, denen gefolgt bzw. auf keinen Fall gefolgt werden soll

Text:

- Verwendung von Hashtags, Emojis
- Siezen/Duzen, Gendern
- Anglizismen und Fachausdrücke, die verwendet werden oder nicht verwendet werden dürfen
- der allgemeine Sprachstil (locker, witzig, seriös, sachlich)

Bild (Fotografie, Grafik, Videos):

- visuelle Definition des Stils, ggf. Farben und Schriften, die zu verwenden sind
- Dos und Don'ts bei der Bebilderung
- Mindestanforderungen an Bilder und Videos
- erwünschte und unerwünschte Stock-Datenbanken, Vorgaben zum Bilderkauf
- Gestaltung von Formaten (z. B. Story-Templates, Zitat-Templates, Filterverwendung)

Mein Pro-Tipp zur visuellen Komponente: Lass dich nicht von Design-Trends wie Puzzle-Feed oder angesagten Farbeffekten verunsichern. Wichtig ist nur, dass die Inhalte im Sinne deines Unternehmens zielorientiert bleiben. Einfach nur ein einheitlicher Look? Muss wirklich nicht sein.

Aber Dan, ich habe gelesen, dass die Erkennbarkeit das A und O auf Social Media ist.

Das stimmt zum Teil auch. Du darfst jedoch nicht vergessen, dass die Menschen *deine* Inhalte in *ihrem* Feed konsumieren. Deine Ästhetik – es sei denn natürlich, eine bestimmte, sehr ausgeprägte Ästhetik ist Teil deines Brandings – fällt dabei weniger ins Gewicht als die Message selbst. Deshalb ist es ganz oft sinnlos, dich beim Bearbeiten der Social-Media-Bilder abzumühen, sie mittels Filter, Presets oder sonstigen Einstellungen alle auf einen Look abzustimmen.

Ja, die Erkennbarkeit ist gut und wichtig, aber in diesem Fall gilt: *Form follows function*. Die Botschaft steht über dem Design.

Faustregel: Ermittle die Mindestqualität, die dein Inhalt visuell bieten muss und unter der du keine Inhalte anbieten willst. (Schließlich willst du stolz auf deine Arbeit sein und sie gerne teilen und zeigen.) Dabei gilt, dass dein Content nicht komplett durchdesignt sein muss, wenn du keine Ästhetik verkaufst. Wenn deine Zielgruppe sehr hochwertige, gleichbleibend gestylte Fotos von dir erwartet, dann biete ihr solche hochwertigen, durchgestylten Fotos. Aber ein Comedy-Account mit Reallife-Elementen kann selbst mit minderwertigen Smartphone-Videos und stark verbesserungswürdigen Hintergrundeffekten von TikTok und Instagram ganz hervorragend funktionieren.

Was du natürlich für mehr Erkennbarkeit verwenden kannst, sind Vorlagen, die einen bestimmten Content-Typ für dein Unternehmen definieren. Du kannst dich auf die Verwendung bestimmter Farben, Schriftarten und Design-Elementen festlegen, die zum Branding des Unternehmens passen. Das sorgt für bessere Wiedererkennbarkeit und vereinfacht zugleich die Abläufe.

Excel oder Google Sheets? Die Tools zum Anlegen des Content-Kalenders

Welche Tools ihr im Team zur Pflege des Content-Kalenders verwendet, bleibt selbstverständlich euch überlassen. Manche Unternehmen nutzen dafür Excel und hinterlegen die entsprechende Datei in einem unternehmensweiten Ablagesystem. Andere arbeiten mit Google Sheets.

Ich kenne auch Kundinnen, die ihren Content mit Asana oder Trello planen. Wichtig ist eines: **Der Kalender muss für alle Teammitglieder zugänglich und einfach zu pflegen sein.** Denn du willst eine übersichtliche Planung und eine klare Aufgabenverteilung mit deutlich abrufbaren To-Dos und wichtigen Infos, die hinterlegt werden können. Was du nicht willst, ist Micromanagement oder ein Pflegeaufwand, der die eigentliche Arbeit mit dem Content noch übertrifft.

Hashtags als Teil der Content-Planung: Wie viel Power haben sie?

Ganz ehrlich, egal zu welchem Thema rund um Social Media ich in den vergangenen Jahren einen Vortrag halten oder einen Workshop leiten durfte, die Frage nach den Hashtags kommt immer. Manchmal völlig random und unvermittelt, manchmal im direkten Zusammenhang mit dem Thema Content und Auffindbarkeit.

Meine Meinung zu den Hashtags: Egal auf welcher Plattform, die Hashtags sind wichtig und nützlich, aber nicht in dem Rahmen wichtig und nützlich, wie es manchmal dargestellt wird. Vor allem aber sind sie keine Zauberpille und funktionieren niemals für sich allein.

Auf die Wichtigkeit der Hashtags in deinem Content und für deinen Content-Kalender gehe ich gleich noch einmal ein, aber ich würde schon gern direkt auf plattformunabhängige Eigenschaften der Hashtags zu sprechen kommen.

Hier ist deine Merkliste der wichtigsten Merkmale und der nützlichsten Einsatzmöglichkeiten:

Hashtags und wie du sie richtig einsetzt

Sinn und Zweck der Hashtags

- Sie geben dem Content eine zusätzliche Information.
- Sie können den Content (deinen und Fremd-Content) nach Thema bündeln.
- Ihre Nutzung kann dazu beitragen, die Reichweite zu vergrößern.
- Auf manchen Plattformen können Nutzerinnen Hashtags folgen und sich so accountübergreifend themenbezogen informieren.

Tipp: Folge den aktuellen Plattform-Informationen, um mehr zu erfahren.

Wann sind Hashtags nützlich?

- für UGC und Community-Bildung
- als Branded Hashtags
- für Gewinnspiele und Interaktionen
- zur Content-Strukturierung

Wann sind Hashtags nutzlos?

- als alleinige Maßnahme zur Steigerung der Sichtbarkeit
- Wenn du sehr beliebte (Massen-Hashtags) oder zu unbekannte Hashtags nutzt, kann es passieren, dass dein Content in der Millionenmenge untergeht oder gar niemanden erreicht.

Wann sind Hashtags schädlich?

- Bei zu unbekannten Hashtags bekommt dein Inhalt einen unaufgeräumten, unprofessionellen, „spammy" Look.
- Klickbare Hashtags führen tendenziell weg von deinem Account. Wenn du die Ergebnisseite nicht dominierst, landen die Userinnen außerhalb deiner Content-Welt.
- Hashtags können zweckentfremdet werden.
- Zum Content nicht passende Hashtags können von Plattformen erkannt und ggf. abgestraft werden (auf Kosten deiner Reichweite).
- Achte darauf, nicht zufällig einen fremden *Branded Hashtag* zu verwenden.
- Achte darauf, keine missverständlichen Hashtags zu benutzen.
- Manche Hashtags werden von den Plattformen gesperrt. Die Nutzung dieser sogenannten *Banned Hashtags* kann deinen Account gefährden.

Branded Hashtags – Image und Auffindbarkeit

- Sie werden speziell für dein Unternehmen oder deine Kampagne erstellt.
- Die Menschen können ihnen folgen (auf mehreren Plattformen möglich).
- Sie bringen die Menschen in deine Welt hinein.
- Diese Hashtags solltest du dominieren.

Wenn du also die Power der Hashtags für deine Community, die Strukturierung deiner Inhalte und für deine Brand richtig einsetzen willst, ohne die Schattenseiten mitzunehmen, was musst du tun?

Zunächst einmal hilft kein Hashtag der Welt, wenn der Content nicht stimmt. Deshalb haben wir uns als Erstes um die Ermittlung von relevanten Inhalten gekümmert. Du kennst deine Zielgruppe und Community, dein Produkt und deine Ziele. Recherchiere deine Hashtags mit Fokus auf die Selbstorganisierung deiner Community (Was verwenden die UserInnen?), auf deine Nische bzw. dein Produkt und nicht zuletzt auf wichtige Events und Jahreszeiten. Lege fest, nach welchem Schema dein Unternehmen Branded Hashtags erstellt, z. B. #BrandThema oder #ThemaBrand oder #Brand_Thema. Deine Branded Hashtags nutzt du bei allen deinen Inhalten.

Bedenke bei der Wahl der Hashtags, dass diese dich in den Kontext anderer Accounts bringen, die den Hashtag verwenden. Recherchiere, ob das der Kontext ist, in dem du dich und deinen Unternehmensaccount wiederfinden willst. Überprüfe immer wieder, was unter deinen Branded Hashtags sowie anderen von dir verwendeten Hashtags gepostet wird.

Pro-Tipp: Folge selbst relevanten Hashtags, um Inspirationen zu bekommen und up to date zu bleiben. Übrigens kann es sich lohnen, Hashtags in anderen Sprachen zu folgen.

Content-Hub: Content nachhaltig nutzen

◗ Verwaltung und Content-Recycling

Mit den Tipps aus diesem Kapitel sorgst du für eine herrliche Ordnung in deinem Content-Hub und bildest deine eigenen Prozesse zum Optimieren und Recyceln von Inhalten.

Sobald du deinen Content erstellst (was Thema des nachfolgenden Kapitels ist) bzw. wenn du bereits mit der Content-Produktion vertraut bist, wirst du wissen, wie komplex, kostspielig und aufwendig die Erstellung hochwertiger Inhalte sein kann. Umso wichtiger ist es, dass dein Team und du euch noch *vor* dem ersten Fotoshooting, ersten Text und so weiter auf ein verbindliches System zum Speichern und Beschriften eures Contents einigt.

Dafür benötigt ihr

1. eine vom Unternehmen freigegebene, sichere **Speicherlösung** (Datenbank, Cloud-Service) mit entsprechender Rechteverwaltung und – wichtig! – wirklich genügend **Speicherkapazität**,
2. eine einheitliche Regelung der Ablagestruktur (**Ordnerstruktur**) und der Vergabe von Dateinamen, damit die Dateien und die Inhalte immer leicht zu finden sind,
3. einen verbindlichen **Prozess**, der beides zusammenführt und beschreibt und
4. einen **Content-Kalender** mit euren Pillars und Formaten, um die Inhalte einzuplanen und auch, um das sogenannte Content-Recycling übersichtlich zu organisieren.

Mein Pro-Tipp: Speichere deine Bilder und Videos immer nur in bester Qualität (als sogenannte Rohdateien, z. B. RAW für Fotos). Begnüge dich niemals mit Screenshots und Ähnlichem! Aus Rohdateien kannst du dir nämlich die Inhalte für jedes Format in einer guten Qualität „zurechtschneiden" und aus Videos GIFs zaubern – aus fertig zurechtgeschnittenen JPGs kannst du das nämlich nur mit deutlich mehr Aufwand und Mühe. Rohmaterial ist am besten dafür geeignet, quer durch die Formate und Content-Typen verwendet und später auch recycelt zu werden.

Content-Recycling bzw. Zweitverwertung: So klappt's!

Von Content-Recycling sprechen wir dann, wenn du deine eigenen (!) Inhalte neu auflegst und erneut postest. **Wichtig:** Es muss sich hierbei immer um *deine eigenen* Inhalte handeln, nicht um den Content anderer Accounts, Personen oder Unternehmen.

Die klassische Zweitverwertung von Content beinhaltet meistens eine gewisse Aufarbeitung. Wenn du alle bisherigen Schritte befolgt hast, sollte es dir leichtfallen, vorhandene Inhalte neu zu präsentieren. So werden aus Pressemitteilungen detailverliebte Blogposts und knackige Zitate für den Newsletter; aus Kampagnenbildern werden Instagram-Posts und Pinterest-Grafiken; aus Kundinnenumfragen werden Infografiken und UGC.

Dabei ist das Wort Recycling, wie ich finde, schon beinahe etwas irreführend. Klar, das beschreibt die Sache an sich schon sehr prägnant. Aber bei der Sache kommt das, was du in den meisten Fällen mit den Inhalten machst, dann doch eher dem Phänomen des

Upcyclings nahe, denn du *veredelst* vorhandene Inhalte vielmehr, indem du ihnen einen neuen Kontext und einen neuen Zweck gibst.

Wichtig bei der Zweit- und Mehrfachverwertung des Contents: Diese kann auf zwei Weisen geschehen. Die klassische Weise ist dabei die *Umarbeitung* deines eigenen Originals. Das kann von minimalem Update über eine Optimierung ausgehend aus neuesten Daten bis zum neuen Format alles beinhalten. Du kannst z. B. eine Infografik upcyceln, indem du ihr ein aktuelles Layout verpasst. Oder indem du aus dem Inhalt der Infografik eine Podcast-Episode, ein Video-Tutorial und einen Blogbeitrag erstellst.

Vorteil: Auf diese Weise erreichst du mit im Prinzip deckungsgleichen Inhalten deutlich mehr Leserinnen und Followerinnen auf ganz unterschiedlichen Kanälen. Ein anderer, genauso valider Weg ist die *Wiederholung*. Da postest du deinen bereits veröffentlichten Content einfach noch einmal. Das funktioniert bei Social Media genauso wie bei deinem Blog oder Newsletter.

Pro-Tipp: Hab keine Angst davor, Inhalte zu wiederholen. Es wird genügend Menschen geben, die diesen Inhalt beim ersten Mal übersehen, vergessen oder schlicht nicht mitbekommen haben. In der Wiederholung können sie ihn nun entdecken.

Abschließende Tipps

Überprüfe zunächst immer, welche Content-Quellen dir im Unternehmen überhaupt zum *Re- und Upcyceln* zur Verfügung stehen. Zu diesen Quellen gehören alle Marketingunterlagen, Sales-Präsentationen, Whitepaper und Produktdokumentationen, Weiterbildungsunterlagen, Produkttexte, Webseiteninfos, Service- oder Support-Protokolle … All diese Inhalte lassen sich (potenziell) in relevanten Content umwandeln. Dabei gilt es, deine Content-Strategie im Blick zu behalten und entsprechende Inhalte zu selektieren und aufzubereiten.

Bei der Entscheidung hingegen, welche deiner Blogposts, Instagram-Captions oder Newsletter wiederverwendet werden sollen, ist die Sachlage glasklar: **Inhalte, die performen, werden wiederverwertet.** Je nach deinem Content-Plan und je nach Stil der Ansprache kannst du die Wiederholung unkommentiert lassen oder einen Vermerk anfügen mit Hashtags oder Begriffen wie „throwback“, „ein Klassiker“, „Erinnerung“, „memories“, „Wisst ihr noch?“ – So fühlt sich die Wiederholung auch relevant für deine Leserinnen an.

> **!**
>
> Achte bei aller Begeisterung für mehrfach verwerteten Content unbedingt darauf, deinem Publikum laufend neue Inhalte zu liefern. Mehrere Reposts oder Archivposts in einer Reihe sollte es nicht geben.
> **Ausnahme:** Du hast diese Wiederholung angekündigt oder auf eine relevante und interessante Art und Weise konzeptionell aufgearbeitet.

Content-Produktion

Stress vermeiden, Ergebnisse optimieren

Mit dem sehr einfachen System aus diesem Kapitel holst du das Maximum aus jeder Produktion heraus und hast immer genug Material für alle Kanäle.

Warum habe ich denn nun noch vor der Content-Produktion die Themen der Content-Verwaltung und des Content-Recyclings besprochen? Natürlich nur, um dir aufzuzeigen, woran du bei der Kreation im Vorfeld denken musst, damit du maximal viel Content aus jeder deiner Content-Produktionen gewinnst.

Eines vorab: Du kannst deinen Content selbstverständlich auch von Dritten produzieren lassen. Hier soll es jedoch ausschließlich um die Inhouse-Produktion gehen.

Schritt 1: Vor der Produktion

Wann immer eine Content-Produktion ansteht, solltest du dir im Vorfeld etwas Zeit nehmen und überlegen, was du alles „mitnehmen" könntest. Nimmst du eine Podcast-Folge auf? Dann lass doch die Videokamera mitlaufen und mach Fotos vom Set. Drehst du ein Video? Dann produziere Fotos *behind the scenes*. Steht ein Modelshooting an? Dann mach unbedingt auch Fotos und Videos von Produkten, vom Styling bzw. vom Backstage-Bereich. (Natürlich sollte das immer mit dem Team und allen Beteiligten abgesprochen werden.) Damit stellst du sicher, dass deine Inhalte maximal vielseitig dargestellt werden können und auch die Zweitverwertung einfach gelingt.

Überlege dir ebenfalls im Vorfeld, welche Qualität bzw. generell welche Mindestanforderungen die Produktion erreichen soll. Außerdem musst du zumindest ein ungefähres Bild davon haben, wie umfangreich der Postproduktions- und der Freigabe-Aufwand werden.

Content-Produktionen können sich darin unterscheiden, ob du News-Formate (oder generell aktuelle Themen) bespielst oder an Evergreen-Content[9] arbeitest. Bei Content, der zeitkritisch ist, ist es umso wichtiger, alle an den Freigaben Beteiligte vorher darüber zu informieren, dass ihr „Go“ so bald wie möglich erwartet wird. Bei Evergreens ist das weniger kritisch. Da kannst du auch vorproduzieren, entspannt die Freigaben einholen und bei Bedarf veröffentlichen.

Pro-Tipp: Gerade zu Beginn solltest du mehr Zeit für alles einplanen, als du denkst, nötig sein müsste. Du kannst dir und deinem Team allein durch kluge Planung und Vorbereitung sehr viel Stress ersparen. Nach deinen ersten Drehs lohnt es sich, die Abläufe und Aufwände minutiös aufzuschreiben, um beim nächsten Mal noch besser planen und entscheiden zu können.

Schritt 2: Während der Produktion

Während der Content-Produktion solltest du, wie im vorigen Kapitel erwähnt, immer darauf achten, dass das Material in bestmöglicher Qualität aufgenommen wird. Mach dir zu Beginn daher eine kleine Checkliste, was genau du am Ende der Produktion und in welcher Qualität haben möchtest – welche Bilder, Videos, Audios – und gehe sie durch, um nichts zu vergessen.

Erlaube auch Raum für Spontanes! Manchmal kann ein Schnappschuss, eine zufällige Backstage-Aufnahme Gold wert sein.

Nutze die Zeit vor, während und nach der Produktion des eigentlichen Contents dafür, Behind-the-Scenes-Einblicke festzuhalten. Nutze effizient die Vorbereitungs- und Aufbauzeit, Pausen und die Nachbereitung.

9 Evergreen Content = Content, der sehr lange relevant sein wird

Schritt 3: Nach der Produktion

Hier zeigt sich, wie gut dein Ablagesystem ist. Die fertigen Inhalte müssen jetzt in Originalformaten abgespeichert und daraus muss dann Content hergestellt werden.

Empfehlenswert ist auch immer ein kurzer Rückblick und Austausch zwischen Produktions- und Postproduktionsteam: Was hat bei der Produktion gut geklappt, was hat gar nicht funktioniert? Was hat für die Postproduktion gefehlt? Was kannst du für künftige Content-Produktionen mitnehmen?

> Als abschließenden Tipp möchte ich noch erwähnen, dass die gleichen Regeln und Prozesse auch dann gelten, wenn du mit Content Creatorinnen arbeitest, UGC nutzt oder dich von Agenturen, Fotografinnen, Texterinnen unterstützen lässt. Auch hier brauchst du einen exakten Plan an zu erstellenden Inhalten, Rohdaten sind ein Muss und das anschließende Speichern in einem Ordner, auf den dein Team entsprechenden Zugriff hat, sowieso.

Trends und Challenges richtig nutzen

Zwischen *cringe* und *fame*: Trends und Hypes einschätzen

In diesem Kapitel zeige ich dir auf, was passiert, wenn mal wieder eine frische Challenge die Social-Media-Welt erschüttert, und beantworte die knifflige Frage, ob Trends und Hypes in deinen Content-Plan gehören.

Eine Erfahrung, die viele meiner Workshop-Teilnehmerinnen machen: Da arbeiten sie seelenruhig an ihrem Content, bis plötzlich die Chefin/Unternehmensgründerin/Social-Media-Praktikantin im Zimmer steht – mit einer brandneuen Challenge in der Hand, die sie jetzt „unbedingt“ mitmachen soll.

Das Thema um Trends und Hypes, wie du zwischen kurzlebigen *Fads* und langfristigen oder auch relevanten Tendenzen unterscheidest, habe ich im ersten Teil in Kapitel 2 (ab S. 16) behandelt, denn es ist omnipräsent in der Welt von Social Media. Dort geht es um eine solide Entscheidungsfindung. Das heißt: Im Bestfall hast du bereits eine Art Guideline an der Hand, wie du und dein Team mit Trends umgehen könnt. Hier soll es nun um die Umsetzung gehen.

Hand am Puls: der schnelle Trendcheck

Da Trends Aufmerksamkeit und Sichtbarkeit versprechen, sind sie für die meisten Menschen auf Social Media schon eine verlockende Sache. Du kannst diese wunderbar für deine Zwecke und Ziele nutzen, um mehr Followerinnen zu gewinnen und auch mehr Engagement zu generieren. Doch woher weißt du in dem Moment, in dem eine Challenge, ein Trendsound oder etwas in der Art auf deinem Smartphone reinflattert, ob du auch mitmachen solltest?

Als plattformübergreifenden Prozess kann ich dir den folgenden „Trendcheck“ wärmstens ans Herz legen.

Frage dich bei jedem Trend:

- ❑ Habe ich die Mechanik des Trends verstanden?
- ❑ Fällt mir eine Art der Umsetzung ein, die zu mir und meinem Unternehmen passt?
- ❑ Ist der Hype-Content in einer Linie mit meiner Brand und meinem Content? Ist er zielführend?
- ❑ Ist das überhaupt ein echter Trend oder ist es ein Randthema in meiner speziellen „Bubble“?
- ❑ Hat der Trend schon abgehoben oder sind wir erst am Anfang?
- ❑ Flacht der Trend vielleicht bereits ab?
- ❑ Wenn ich mitmachen sollte: Kann ich den Inhalt denn überhaupt schnell genug umsetzen?
- ❑ Sind die Chancen, die mir der Trend bietet, größer als die möglichen Risiken?

Bei jedem Trend ist es unerlässlich, dass er Relevanz für deine Zielgruppe hat *und* dass du den richtigen Zeitpunkt auf der Trendkurve erwischst. Machst du zu früh mit, ist der Hype noch nicht groß genug. Wartest du zu lange, geht dein Inhalt unter. Passt der Trend bzw. Hype nicht zu dir, deiner Marke, Message oder deinem Geschäftsmodell, musst du dich ohnehin nicht damit beschäftigen. So einfach ist das!

Die Checklist findest du auch hier zum Download.

Das Trendbarometer: *Rise and Fall*

Original: Hier hat der potenzielle Trend noch keinen Aufwind bekommen und kann tendenziell wieder verfallen.

Trend: Der Trend hat eine gesunde Entwicklung hingelegt und konnte sich etablieren.

Hype: Der Trend hat seine maximale Spitze erreicht und ist in aller Munde.

Cringe: Jetzt machen wirklich alle mit, der Trend hat seine Faszination verloren oder verläuft sich in unbedeutenden Memes und wenig relevanten Inhalten.

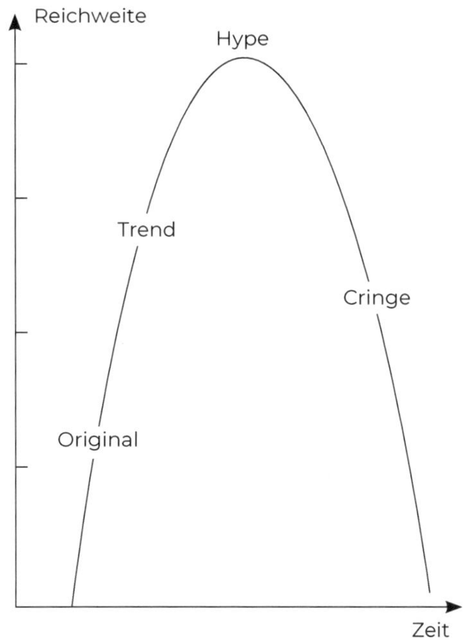

Vorsicht, Hype!

Eine Sache ist bei angesagten Themen, Inhalten und Effekten auch noch zu berücksichtigen. Denn bei Trends und Hypes mitzumachen, bringt auch Herausforderungen mit sich.

Die Frage ist, was genau beabsichtigst du mit deinem potenziell viralen Trend-Content? Was passiert, wenn eine Riesenwelle an Aufmerksamkeit auf einem ganz neuen Level auf dich und dein Team zurollt? Ich sage dazu immer, wenn du beim Trend mitmachst, läufst du Gefahr, gesehen zu werden. Du musst also die Nachwirkungen deines Erfolgs wenigstens in etwa abschätzen können. Dein neu dazugewonnenes Publikum sollte weiterhin Inhalte geboten bekommen, die es bei dir halten. Deine Community soll wachsen und nicht durch zufällige Trend-Pieces „verwässert" werden. Außerdem kann es passieren, dass ein Trend einen Wandel durchläuft und auf eine ursprünglich positive Challenge herbe Kritik folgt.

Last but not least: Auch rechtliche Fallstricke musst du ggf. im Vorfeld abschätzen (lassen).

Live-Video: Alles rund um den Livestream

Zwischen Sinn und Unsinn

„Die Mutigen werden belohnt" – aber lohnt sich ein Live-Video wirklich immer? In diesem Kapitel gehen wir auf die Frage ein, wann Lives sinnvoll sind und wie du einen sanften Einstieg ausprobieren kannst, um festzustellen, ob das ein Format für dich ist.

Ja, die Mutigen werden belohnt. Das ist auf Social Media absolut wahr. Aber im Fall einer Live-Schaltung ist neben Mut eine gute Vorbereitung besonders wichtig. Du willst im Prinzip verhindern, dass dein Livestream startet und du plötzlich noch Lichtausstattung kaufen gehen musst.

Was brauchst du für Live-Videos?

- ✓ stabiles **WLAN**
- ✓ technische **Ausstattung** (Kamera, Ton, Tripod – vgl. Checkliste S. 64))
- ✓ **Vorbereitung** (Skript, Gäste, Aufnahmeräume etc.)
- ✓ Hast du genug **Aktivierungspotenzial**? Viele Menschen überschätzen ihr eigenes Aktivierungspotenzial. Aber selbst im TV gilt: Nur absolute Top-Inhalte werden als Live-Sendungen ausgestrahlt. Denn heute ist die mediale Berieselung einfach zu groß. Versuche, realistisch und ehrlich einzuschätzen, wie viele Menschen deinen Livestream schauen werden – und zwar zu der von dir angebotenen Zeit.
- ✓ **Werbung** für deinen Livestream: Plane ein, ab wann und wie du auf den geplanten Live aufmerksam machen wirst. Bewerbe den Livestream am besten auf allen relevanten Kanälen! Einige Plattformen haben dafür zum Teil eigene interne Tools.

✓ Finde einen guten **Zeitpunkt**: Du willst weder mit dem Arbeitsalltag der Menschen, noch mit den beliebtesten Primetime-Sendungen im TV konkurrieren.

✓ Und die wichtigste Frage überhaupt, die du dir selbst ehrlich beantworten können solltest: ***Muss* ich denn live gehen?** Ein Livestream nimmt immer Bezug auf das Hier und Jetzt. Etwas, was jetzt gerade aktuell und relevant ist und nach einem Dialog verlangt. Wenn du mit einem kurzen Video eine bessere Qualität schaffst und weniger Stress hast, lohnt sich dann der Livestream in diesem Fall noch?

!

Pro-Tipp: Wenn alle Zeichen auf *Live* stehen und du in eurem Content-Kalender erste Liveauftritte planst, kannst du dir auch einen sanften, also einen leichteren Einstieg in das Thema überlegen. Vielleicht kannst du mit einem anderen Account kooperieren und gemeinsam live gehen oder als Gast in dem Livestream eines „befreundeten" Accounts auftreten. So ist nicht nur die Schwelle niedriger, auch vergrößert ihr beide euer Publikum. Eine Win-Win-Situation.

Souverän im Livestream: wichtige Tipps

Wenn du dich auf einen Livestream vorbereitest, musst du im Blick behalten, dass die sinnvolle Länge eines Lives mindestens 30 Minuten beträgt. Auch befolgt jeder gute Live einen bestimmten Aufbau: ein möglichst kurzes Intro, gefolgt vom Hauptteil mit Fragen und Antworten sowie einem abschließenden Handlungsaufruf zum Schluss. Plane deine Inhalte entsprechend dieses einfachen aber immer wirksamen Skripts.

Für viele Plattformen gilt außerdem: Deinen Livestream sieht nicht nur deine Community, sondern möglicherweise jeder Mensch mit

Internetzugang und Interesse fürs Thema. Das kann etwas Gutes bedeuten – neue Followerinnen etwa. Doch es bedeutet auch, dass Dritte deinen Stream mitschneiden, also aufzeichnen, und ohne dein Wissen veröffentlichen oder remixen können. Sei dir dieser Option immer bewusst.

Aufgrund der Komplexität und des Stress-Potenzials kann es sinnvoll sein, dass die Person, die vor der Kamera spricht, nicht allein im Livestream ist. Hinter der Kamera oder über die Plattform zugeschaltet könnte z. B. noch eine Community-Moderatorin dabei sein, die auf die Kommentare achtet, sie ggf. moderiert (wenn es geht) und wichtige Fragen aus der Community aufschreibt und weitergibt. So verhinderst du, dass die Person vor der Kamera allein für alles verantwortlich ist und ggf. die Kommentare ungefiltert vorliest.

Du willst nämlich immer erreichen, dass dein Livestream ein Safe Space bleibt. Doch Unzufriedene, Trolle und Co. kannst du auf Social Media leider niemals ganz ausschließen. Nicht jeder Mensch ist geübt im souveränen Umgang mit Kritik oder gar direkten verbalen Angriffen vor laufender Kamera.

Bedenke außerdem, dass bei Livestreams, bei denen die Zuschauerinnen jederzeit neu dazukommen können, das Thema des Streams zu jeder gegebenen Zeit klar sein muss. Statt es jede Minute neu „für alle, die sich jetzt erst dazugeschaltet haben" vorzustellen, kannst du mit entsprechenden Tools sogenannte Bauchbinden einblenden, Live-Titel vergeben, fixierte Kommentare nutzen oder mit deinem Hintergrund kreativ werden, um das Thema jederzeit klar erkennbar zu halten.

> **!**
> Stell sicher, dass alles Spannende und Gute „gleich" passiert. Sprich im Livestream niemals vom „Jetzt". Nimm dir da ruhig ein Beispiel an Medienprofis vom Radio – sie moderieren die Inhalte immer so, dass Neugier und Vorfreude entstehen können. „In zwei Minuten kommt unser Gast", „Nach dieser Frage geht es zum Gewinnspiel" oder „Am Ende wartet

eine Überraschung auf euch". Halte es angenehm spannend und versorge dein Publikum immer wieder mit kleinen Teasern für eine höhere Verweildauer und natürlich auch mehr Engagement.

Was sind die drei typischen Szenarios, bei denen sich ein Livestream lohnt?

1. Gemeinsam mit der Community etwas erörtern, diskutieren oder erarbeiten.
2. Das Material des Livestreams zur Content-Kreation nutzen
3. Den Livestream zum Geldverdienen nutzen – Stichworte: Spendenfunktionen, Live Commerce

Aber Dan, was ist denn mit Lives von besonderen Events oder Lives zum Produkt-Launch?

Reden wir beim Event von etwas, das die Menschen da draußen dazu bewegt, alles stehen und liegen zu lassen und 30 Minuten lang zuzuhören? Dann auf jeden Fall. Oder: Wenn deine Lives beliebt sind und in der Produktion keinen großen Aufwand oder Stress verursachen, kannst du theoretisch immer dann live gehen, wenn du etwas zu erzählen hast. **Noch schöner ist es, wenn dein Live für einen Boah!-Effekt sorgen sowie die Menschen richtig gut unterhalten oder zu einem relevanten Thema informieren kann.**

Abschließend lass mich noch sagen: Nicht jeder Mensch fühlt sich wohl bei einem Liveauftritt auf Social Media. Es ist einfach so. Setz dir – oder deinen Teammitgliedern, die das übernehmen – daher ein paar einfache Regeln, die den Wohlfühlfaktor steigern können. Halte dich beispielsweise fern von Themen wie Politik, Religion oder generell von Kontroversen jeder Art. Bleib auf dem Level von leichtem Small Talk. Und bedenke: Wenn es viel zu viel Stress verursacht ... dann lieber nicht live gehen.

Reichweite und viraler Content

Viraler Content in Reichweite!

In diesem Kapitel sprechen wir über die Themen Reichweite, quantitative Reichweite und viraler Content – und darüber, warum Letzterer wie Lottospielen ist.

Ich eröffne das Kapitel zur Reichweite einfach mal mit dieser Aussage: Reichweite ist nicht alles. Wir hatten schon vorher darüber gesprochen, dass die quantitative Reichweite für dein Business nicht unbedingt die größte Priorität haben muss. Wenn das doch so ist, willst du bestimmt wissen, wie du deine Chancen auf viralen Content steigerst. Dann wirst du dich über die folgende Faustregel freuen:

Alles, was online ist, kann viral gehen.

Voraussetzung: Es muss nur von der richtigen Person gefunden werden.

Konsequenz: Dafür musst du erst einmal regelmäßig relevanten Content veröffentlichen.

Ist ein wenig wie Lotto zu spielen – wenn du gewinnen möchtest, musst du auf jeden Fall das Ticket kaufen.

Du kannst aber natürlich einiges unternehmen, um deine Reichweite zu vergrößern, damit deine Chancen steigen. Du kaufst sozusagen mehr Lottoscheine.

Mehr Reichweite für deinen Content:

- ✓ Nutze aktuell angesagte Formate, die von Plattformen „belohnt" werden.
- ✓ Kooperationen mit anderen Accounts vergrößern die Reichweite für alle Beteiligten.
- ✓ Verschenke keine Chance, alle Kanäle für Cross-Promotion deiner Inhalte zu verwenden und nutze alle Multiplikatoren, die dir zur Verfügung stehen.
- ✓ Gehe aktiv dorthin, wo deine Zielgruppe sich online aufhält und teile deinen Inhalt auch dort mit ihnen. Finde auch mal woanders statt, als nur auf deinem Profil.
- ✓ Achte neben der Qualität auf die Kontinuität, damit deine Inhalte potenziell mehr Menschen erreichen.
- ✓ Rufe dein Netzwerk aktiv dazu auf, mit deinem Content zu interagieren.
- ✓ Bedenke, dass du, um neue Menschen zu erreichen, auch neue Channels ausprobieren musst.
- ✓ Starke emotionale Statements in deinem Content, Special-Interest-Statements und emotionale CTAs helfen ebenfalls dabei, die Weichen auf Viralität zu stellen. (Deshalb sind Meme-Accounts auch so beliebt.)
- ✓ Denke immer an klare, starke Handlungsaufrufe zum Kommentieren, Abspeichern oder Teilen deines Contents.
- ✓ Bei manchen Themen zählt die Geschwindigkeit. Da hast du die Chance, als eine der ersten einen Content anzubieten und so mehr Reichweite zu bekommen.
- ✓ Lass dich von sehr erfolgreichem Content anderer inspirieren und baue deinen eigenen erfolgreichsten Content weiter aus.
- ✓ Nutze deine DM-Strategie aus Teil II, Kapitel 2 (ab S. 103) dazu, bei hilfreichen Privatnachrichten (und nur dann, wenn es sinnvoll ist) auf deinen Content hinzuweisen.

Überlege außerdem, was für dich und dein Unternehmen als viral gilt. Denn, um beim Vergleich zu bleiben, auch drei Richtige im Lotto sind für viele Menschen ganz cool. Die Reichweite, die Unternehmen A für seine Zielerreichung benötigt, werden sich von der Reichweite von Unternehmen B immer unterscheiden.

!

Wer im Lotto Millionen gewinnt, bleibt in den meisten Fällen nicht lange auf dem gewonnenen Geld sitzen. Auch die Auswirkungen eines viralen Content Piece sind mit einem ungewohnten Geldsegen vergleichbar – niemand kann zu hundert Prozent darauf vorbereitet sein. Dennoch sollten du und dein Team euch im Klaren darüber sein, dass viraler Content nicht verpuffen darf. Seid ihr bereit, sofort nachzulegen, um die neuen Followerinnen zu halten? Seid ihr bereit, am Morgen nach dem Reichweitenhit beim Frühstücksfernsehen zu sitzen? Halten die Server dem Besucherinnenandrang im Onlineshop stand? All das gilt es zu bedenken.

Content-Analyse und -Optimierung

Analytics versus Analyse: Erfolgsmessung auf Social Media

Es gibt nicht nur messbare KPIs auf Social Media. Der Erfolg hängt hier, wie immer, von den eigenen Zielen ab. In diesem Kapitel geht die Rechnung aus dem ersten Kapitel des II. Teils auf. – Hier zahlt sich nämlich richtig aus, wie gut du die Plattformen deiner Wahl verstehst und beherrschst.

Umfassendes zu den Themen Performance-Analyse, Erfolgsmessung, Optimierung und KPIs findest du im I. Teil, Kapitel 6 (ab S. 34).

Hier möchte ich wieder einmal plattformunabhängig darauf hinweisen, dass du nur durchs Experimentieren mit Content deinen Style, deine Erfolgsformel und auch deine Community finden wirst. Die Auswertung musst du ebenfalls selbst übernehmen, denn kein Analyse-Tool der Welt kann die Interpretationsarbeit für dich erledigen – reine Daten sind ohne Kontext nicht unbedingt besonders aussagekräftig.

!

Pro-Tipp zum Thema Account-Sicherheit: Wenn du Reporting-Tools benutzt, wollen diese immer deine Zugangsdaten. Stell deshalb sicher, dass du nur offiziellen Partnerunternehmen der Plattformen deine Daten anvertraust. Zieh auf keinen Fall irgendwelche beworbenen Apps aus den Stores von Apple und Google! Gefährde deinen Account bitte nicht, indem du Unbekannten auch noch freiwillig Zugriff erteilst.

Wie schon in Teil I diskutiert, ist die Interpretation der Zahlen eine Kunstform für sich. Zahlen haben immer Gründe. Die Faktoren, die alle als Grund für Top-Content (Deine Instagram-Reels haben zehnmal so viele Zuschauerinnen angelockt wie noch letzte Woche.) und

Flop-Content (zero Engagement beim letzten Blogbeitrag) gesehen werden können, sind beispielsweise: Zeit, Qualität, Wetter, gesellschaftliche Lage oder Nachrichten, Verhalten der Konkurrenz, ein plötzlicher Trend … Da braucht es sehr viel Fingerspitzengefühl für die Interpretation – und es bleibt auf jeden Fall sehr spannend.

Vermeide unbedingt den *Survivorship Bias* (deutsch: Überlebenden-Verzerrung). Hierbei sind wir versucht, erfolgreichen Content übertrieben gut zu bewerten und mehr „Lehren“ abzuleiten, als möglich sind. Manchmal hat nämlich auch der Zufall die Finger im Spiel oder das Zusammentreffen von Faktoren, von denen du niemals erfahren wirst.

Schlusswort

▶ Einfach machen!

Jetzt bist du am Ende des Buchs angelangt, hast den Boah!-Effekt kennengelernt und weißt, dass du dich weder von Trends noch von Algorithmen verrückt machen lassen musst. Du hast ein Auge für vermeintliche Zauberpillen sowie *magic hashtags* und entlarvst Social-Media-Mythen, sobald du nur die ersten Worte der Headlines liest. Du sparst viel Zeit, indem du Wissen über die sozialen Netzwerke direkt von der Quelle beziehst und hast alle Tools an der Hand, um plattformunabhängig eine Strategie verfolgen und erfolgreich umsetzen zu können.

Und jetzt kannst du #einfachmachen!

Liebsten
Dan

Hier findest du mich

https://www.linkedin.com/in/danielzoll

Instagram.com/einfachdan

https://www.tiktok.com/@einfachdan

YouTube.com/danielzoll